正念的智慧

蒋海 ◎编著

中国纺织出版社有限公司

内 容 提 要

在这个充满竞争的时代里，越来越多的人变得浮躁，也常常会迷失在生活的河流中。不得不说，这样的人生状态是非常糟糕的。更多的时候，我们必须坚持正念的智慧，让自己的内心充满积极的向上的能量，这样才能成功地主宰命运，把握人生。

本书以现代人的生存现状为视角，以心理学知识为基础，引导人们摒弃各种消极负面的想法，更加专注于当下，获得人生中的伟大力量；告诉人们尤其是在遭遇困境的时候，更要整理自己的思绪，心怀正念，从而形成正向思维力，也把人生活成自己想要的模样。

图书在版编目（CIP）数据

正念的智慧／蒋海编著. —北京：中国纺织出版社有限公司，2020.1

ISBN 978-7-5180-6848-7

Ⅰ.①正… Ⅱ.①蒋… Ⅲ.①人生哲学—通俗读物 Ⅳ.①B821-49

中国版本图书馆CIP数据核字（2019）第229706号

责任编辑：李 杨　　特约编辑：王佳新　　责任印制：储志伟

中国纺织出版社有限公司出版发行

地址：北京市朝阳区百子湾东里A407号楼　邮政编码：100124

销售电话：010-67004422　传真：010-87155801

http://www.c-textilep.com

中国纺织出版社天猫旗舰店

官方微博http://weibo.com/2119887771

三河市宏盛印务有限公司印刷　各地新华书店经销

2020年1月第1版第1次印刷

开本：880×1230　1/32　印张：6.5

字数：118千字　定价：39.80元

【前言】

人生就像是在坐过山车，一旦坐上去被安全带捆绑住，在过山车启动之后，到达终点之前，不管是因为到达巅峰而惊声尖叫，或者泪流满面，还是在平顺行驶的时候让砰砰直跳的心脏恢复原位，抑或在经历一番起起伏伏之后，到了下车的时间，有的人在惊叹刺激，有的人在掉眼泪，有的人在一旁哇哇直吐。不管怎样，这都是“劫后余生”，百感交集、众生百态也都是正常的。

也有人说，人生就像股市的行情图，有的时候一片红，有的时候一片绿，也有的时候呈现出一片黑。不管是怎样的颜色，始终都代表着上涨或者是下跌，也不管是上涨还是下跌，都常常呈现出不同的幅度。一个人如果心理承受能力不佳，一定不要随随便便就尝试炒股，否则哪怕坐在电脑前看行情图，也会像坐过山车一样受到强烈的刺激，根本无法保持心情的平和。

在这个世界上，每个人都是独立的生命个体，每个人都有自己起起伏伏的人生，这样的人生既不能模仿别人，也从来不会被别人模仿和超越。为此，我们每个人的当务之急都是活出独属于自己的精彩人生，也在与众不同的绽放过程中，让自己变得出类拔萃、卓尔不凡。归根结底，无论我们对于人生有着怎样的设想和憧憬，即使已经对人生做出了详细的规划、制订了周密的计划，也无法保证人生可以按部就班地向前推进。人生之中，总有些意外的惊喜，也常常会伴随着意外的惊吓。又因为不如意是人生的常态，所以我们要想主宰人生，把握命运，就必须形成正向思考力，且在人生历程中始终都坚持正向思考，保持平和与积极的心态。

坚持正念，拥有正向思考力，是人生的智慧。常言道，心若改变，世界也随之改变。对于同一件事情，拥有不同心态的人会作出不同的反应，而即使是同一个人，在不同的心境之下，也会作出不同的反应。由此可见，心态与态度，对于每个人及其人生的影响都是很大的。

在生命历程中，每个人的终极目标都是追求幸福，归根结底，幸福是我们面对人生的一种感受，是很微妙的，也是很容易发生变化、消失或者产生的。每个人都应给自己确立人生目标，那些明确了自己人生方向的人，会朝着人生的既定目标积极地前进。通往成功的道路从来不是一帆风顺的，更多的时候，我们会在追求成功的过程中遭遇坎坷和挫折，也会经历重重磨难。不忘初心，方得始终，我们应该坚持正念。

通俗地说，正念就是摒弃私心杂念，把一切的精神、意志力都集中在当下的人和事情上，这样，我们才能消除无所谓的烦恼，从而全力以赴做好当下该做的事情，才能集中注意力体验当下的感受和幸福。这样的专注，让我们对于人生有更积极的体验，也能在深入理解和体验人生的过程中收获更多。

当然，正念也并非与生俱来或者朝夕之间就可以形成的。每个人要想从正念之中获得积极的力量，就要先形成乐观的思维习惯，也要始终以友好和善念看待这个世界。坚持正念，获得正念的智慧，我们才能在人生之中得到更多的幸福与美好，才能真正参透人生的各种道理，透彻地领悟人生的真谛。

编著者

2019年8月

【目录】

第1章

遇见正念——让正念助益自己和生活

很多人对于正念都不了解，为此总是会疑惑正念是什么，对于生活将会起到怎样的作用和影响，又到底有什么意义。其实，在你不知不觉的时候，正念已经悄然流行，正念不仅会给我们的情绪思维、身体状态等带来很多积极的作用力，而且还会帮助我们更加深入地探索自己，探索生命。从此时此刻起，就让我们来进行一场正念之旅！

什么是正念

到底什么叫正念呢？实际上，正念和全神贯注、专心致志很相似，就是要求我们必须在此时此刻、此情此景之下把所有的注意力集中起来，也把所有的精力都集中起来，从而使得自己的内心充满热情和激情，也充满强烈的好奇心；并且我们会变得无所畏惧，对于生命怀有全然接受的态度，真正做到悦纳人生。通过正念，我们会摒弃很多忧愁和焦虑，也不再对眼下的生活充满不满和挑剔苛责，而是会更加轻松地面对当下的人生。除此之外，未来也不再使我们忧愁和迷惘。可以说，正念能够真正把哲学家提倡的活在当下变成现实。拥有正念的人很清楚生活就在此时此地，为此他们可以做到全神贯注地享受这生命中唯一的一刻。

很多人误以为正念是全新的感受和想法，实际上，早在远古时期，就已经有正念的存在。正念这个词语，来源于古印度语sati。这个词语是什么意思呢？它的意思与我们今日所理解的正念相符合，就是觉悟、专注、回忆。觉悟帮助我们感知这个世界上万事万物的存在，也包括我们自己，专注则是觉悟的聚焦，而回忆则是为了帮助我们通过记起的状态专注于曾经发生过的某一种体验。正是因为有了回忆的存在，我们才能调动起自己的所有感官和知觉能力，暂时避开现实带给我们的紧迫感和压力感，从而保持平静安然的情绪状态。

正念是属于心理学范畴的，但是让很多人都惊讶的是，正念也可以用于医学领域的治疗。面对很多的疾病，当医药无法收到良好的效果时，以强大意志力作为支撑的正念，就会对人们的情绪和精神状态产生神奇的影响。尤其是，正念还会影响人的身体状态，促进身体疾病的痊愈。不得不说，正念的确很神奇，要想拥有正念，就要学会成为自己情绪和精神的主宰，也要能够充分控制自身的意志力。

在现实生活中，正念冥想是与我们的生活更加接近的。把正念运用于医学领域，也正是通过正念冥想的方式进行的。很多人都误以为冥想就是彻底放空身心，什么都不想。实际上，冥想不是空，而是实。当一个人能够以集中所有意识的方式让自己的精神和心灵都专注于自己想专注的事情时，就是在进行冥想。在冥想的过程中，我们还要对自己的情绪进行深入的感知，这是有利于我们做出理性决策的。当全身心投入冥想状态的时候，我们会感受到自身的呼吸，也会感受到那些曾经隐藏于潜意识里的各种东西。当然，冥想的形式是不拘一格的，既可以在特定的时间里以正式的方式进行，也可以在日常生活中以各种灵活的方式进行，只要达到一定的效果就可以，而无须过于追求完美，否则也就背离了正念的初衷。

用正念助力自己的生活

现实生活中，之所以很多人都会感到迷惘，是因为他们在不知不觉之间就迷失在自己思维的迷宫中。这样的迷失使人毫无觉察，为此很难让人防患于未然。我们以为自己是思维的主宰，而实际上，很多时候我们为各种各样的琐事忙碌，完全忽略了对于思维的控制，为此思维就开始启动“自动驾驶模式”，它们在我们的脑海中肆意妄为，也使我们被动地思考它们所涉及的事情。正是因为如此，我们才会有这样的感触和体验：咦，我怎么会突然想起这件事情呢？也有很多时候，我们会陷入自己的思维状态之中，甚至对于外部存在的人和事情都无知无觉。这样的状态同属于失控，是对思维失去控制的表现。

举个最简单的例子来说，你去参加闺密的婚礼，原本，你在这个时刻应该为闺密感到高兴，因为你真的很希望闺密获得幸福。但是，你的思绪却在飘飞，你不知不觉间就想到自己年纪这么大了，却没有找到心目中的白马王子，为此你又想到自己何时才能和心爱的人一起步入婚姻呢？这么想来想去，你完全没有觉察到自己思绪翻飞，而且陷入了沮丧情绪之中。这样一来，你就无法把所有的注意力集中在眼下这一幸福时刻，你的情绪也会变得消极，你的内心也会因此而沮丧。这样的状态当然不是你想要的，更不是你想在闺密的婚礼上呈现出来的。

若你拥有正念，你就会把意识集中于当下这一刻，感受闺密的幸福，也为闺密得到幸福而感到欣慰。在看到闺密拥有爱情的美好模样时，你也会对自己的未来充满希望，相信自己一定会和闺密一样获得幸福。这就是用正念来帮助自己，也是正念对于我们的强大作用力。

正念不仅可以帮助我们保持良好的情绪和平静的心态，而且在我们的身体出现问题、当我们因为病痛而被折磨和遭受痛苦的时候，也能够抚慰我们。人人都不喜欢感受痛苦，而且每个人对于痛苦的承受能力是不同的。为此当疾病来袭时，有的病患可以忍耐，有的病患却无法忍耐，并且为此而颓废沮丧、自暴自弃。古往今来，很多有所成就的伟大人物都是拥有正念的人。司马迁遭遇宫刑，依然坚持创作，最终完成《史记》；海伦自从1岁多患上猩红热，就失去视觉和听力，也失去语言表达能力，但是她没有自暴自弃，而是始终都在坚持完成自己的梦想，实现人生的伟大志向，她创作的《假如给我三天光明》鼓舞了很多人。这都是正念的作用。因为拥有正念，他们的心灵充满强大的力量，在面对生命突如其来的打击时，他们可以始终淡定从容，绝不被压力压垮，而是更加勇往直前、努力向上。正念的力量，就像人生的脊梁，让人生始终傲然挺立，无所畏惧，也绝不屈服。

正念之所以会在医学领域起到积极的作用，就是因为正念能够缓解压力，也能够帮助我们增强自身的免疫能力，增强免疫系统对疾病的抵抗力。尤其是当疾病因为压力而起的时候，正念的效果更加显著。为此，我们要在生活中经常发挥正念的作用力，并在正念的积极引导下感受生命的悸动，获得人生更美好的未来。

与自己友好相处

拥有正念，我们才能与自己友好相处。当狂风暴雨大作的时候，高大挺拔的树木也许会被连根拔起，而随风摇曳的芦苇却不会被折断，这是因为芦苇非常柔韧，也是因为芦苇扎根很深。如果是浮萍，则一定会被风雨吹得不知所踪，也会彻底迷失。正念，正是我们人生的根。拥有正念，用正念来支撑人生，我们才能在与自己相处的过程中表现出良好的状态，才能与自己友好相处。

具体而言，使用正念的态度与自己友好相处要做到以下几点。

首先，要做到端正心态，接纳和悦纳自己。所谓金无足赤，人无完人，每个人都既有优点，也有缺点，既有长处，也有短处。如果不能做到接纳自己，而总是和自己较劲，那么就会导致自己陷入更加被动的状态之中无法自拔，也会使自己的人生面对很多的无奈和困惑。试问，一个人连自己都不能认可和接受，还如何能够坦然面对自己，并全力以赴地经营好人生呢？

其次，凡事都需要有目标作为指引，确立方向，才能按照预期去发展。与自己相处也是如此，一定要设定动机，确定自己的努力方向，这样才能恰到好处地对待自己。在正念的指引下，我们应该更加关注自身，当然，这不是和水仙花一样顾影自怜，而是要相信自己的存在是有价值、有意义的。这样一来，我们的正念就会更加强大，我们的内心世界也会更充实，我们也会更加从容。当我们可以与自己友好相处时，才能把自身的正能量气场辐射出去，惠泽他人。

再次，在现实生活中，很多人对于自己都非常苛刻，他们时刻谨记古人所说的一日三省吾身，因而一直在自我反省的状态之中，也因为对自己的挑剔和苛责，而不知不觉间对自己过于高标准、严要求。尤其是在进行自我批评的时候，很多人充分发挥严于律己、宽以待人的精神，对于别人的确很宽容，但是对于自己却很严苛。对自己严格固然重要，但是必要的时候，我们也要对自己好一点，这样才能避免妄自菲薄，才能形成自信心。即使犯了错误，也要给自己改正错误、弥补过失的机会，毕竟人非圣贤，孰能无过呢！

最后，要对身边的一切人和事情都充满感激。曾经有人说过，没有一段人生是白白经历的，这就告诉我们，在人生中经历的一切终究会在我们的生命中留下或深或浅的痕迹，我们只有不断地努力向上，全力以赴做好自己该做的事情，勇敢地去尝试和挑战，把握当下，活在当下，才能让人生无怨无悔。很多人总是惧怕失败，却不知道如果为了逃避失败而故步自封，那么就会失去成功的一切可能性。所以对于出现在生命中的一切，成功也好，失败也罢，顺利也好，坎坷也罢，我们都要坦然接受，从容面对，也要用心感受。也许你已经习惯了对生活抱怨和不满，为了培养感激之心，不如从现在开始每天都写下几件事情——这些事情都是能够让你感激的。一开始，你也许会觉得生活很平淡，根本没有感动人心的事情发生，也没有什么可写的，但是随着坚持下去，随着时间的流逝，你会发现自己原本粗糙坚硬的内心变得越来越柔软，越来越细腻。恭喜你，你终于拥有了一颗充满血肉和感情的心，从此之后你的人生春有百花秋有月，夏有凉风冬有雪，一定会更加充实和精彩。

当然，正念的形成并非很容易的事情，而且要想更加发挥正念的积极作用，与自己更好地相处，我们还要掌握正确的方法。经常倾听自己的内心，聆听自己的声音，最接近灵魂的地方，也是正念的生根之所。

用正念关照情绪

现实生活中，经常有这样一类人，他们对于发生的一切事情、遇到的所有人，都会怀着抱怨的态度，带着生气的情绪。为此，他们不管面对什么，第一反应就是生气，就是抱怨，而丝毫不会从自身出发考虑问题到底出在哪里，也不会有意识地避免生气，让自己保持平静的心绪。日久天长，他们必然受到各种负面情绪的影响，导致人生中充满了阴霾，根本没有快乐可言。

这样一类人在性格上也呈现出偏执的特点，他们很少让自己的思维变得灵活，也不愿意随机应变地处理出现在生命中的各种问题。在医学上，与他们类似的性格被称为癌症性格——曾经有医学专家研究发现，很多癌症患者在性格上都表现出相似的特点。那么，如何才能突破性格和情绪的囚牢，让自己更加有的放矢地控制和主宰情绪呢？当然，这不容易做到。人们常说，江山易改，禀性难移，这句话告诉我们每个人的脾气秉性都是很难改变的。但是，难以改变并不意味着我们就要放弃改变，只要掌握正确的方法，用正念关照情绪，用正念驱散阴郁的负面情绪，我们的心境就会渐渐好转，情绪的坏习惯也会彻底被摒弃。

吃过晚饭，姥姥去厨房刷碗，妈妈正在走向主卧室，她突然觉得肚子有些不舒服，很想上厕所，甜甜正一个人在沙发上玩。然而，妈妈还没走到主卧室门口，就听到客厅传来砰的一声，紧接着是甜甜尖锐的哭声。妈妈赶紧往回跑，姥姥也从厨房里冲出来。甜甜倒在地上，左侧肩膀着地，侧躺在地上。妈妈赶紧抱起甜甜查看情况，甜甜哭得撕心裂肺，妈妈问了好几次，甜甜才说左侧胳膊疼。妈妈以为甜甜和一年多前一样，有可能是左侧胳膊脱臼了，为此尝试着让甜甜抬起左侧胳膊。但是和以往脱臼小胳膊不能抬起来不同，这次甜甜可以把小胳膊抬起来。

这个时候，姥爷从卧室里出来，看到甜甜疼得满头都是汗，生气地开始抱怨，先是质问姥姥："你在哪儿你？"姥姥说："我看她妈妈在家，就去刷碗了。"姥爷又质问妈妈："你呢，干嘛去了？"妈妈说："我正准备上厕所，才走了没几步！"姥爷毫不客气地怒斥："你（姥姥）就不会晚点儿刷碗吗？你（妈妈）怎么那么巧就要上厕所？有人看着，就不会发生这样的事情！"妈妈知道姥爷也是着急和心疼甜甜，就没有说话，但是姥爷仍在抱怨姥姥，妈妈忍不住说姥爷："好啦，你为什么只顾着看电视，不看着她呢？况且，看着该摔也会摔，抱怨有用么！"姥爷这才噤声。

在这个事例中，姥爷就缺乏正念，为此在事情发生的第一时间就开始抱怨，但是他抱怨的都是别人，而没有抱怨和责怪自己，这说明他在缺乏正念的基础上还很自私，以自己为中心，而不能理解和体谅他人。生活中，总有些事情的发生让我们猝不及防，在这种情况下，不要总是以负面情绪面对，否则等到形成习惯，负面情绪就会对我们产生更大的侵蚀力量和危害力量。

有些事情并不以人的意志为转移，人尽管可以尽量避免，却不能做到完全杜绝。为此，不管是面对自己，还是面对他人，抑或是面对这个纷繁复杂的世界，我们都要怀着正念，这样才能让自己站得稳稳当当，在人生中有更好的姿态和呈现。正如人们常说的，心若改变，世界也随之改变，拥有正念的我们，一定会拥有与众不同的人生。即便实在不能控制住愤怒，也不要因为愤怒的情绪来袭就肆无忌惮地去抱怨和指责他人。否则，只会让负面情绪越来越严重，并影响自己和他人的状态。当难题已经产生，不如将其作为自己的一次历练机会，这样才能尽量获得心灵上的平衡，才能恢复情绪的平和。

用正念展开新的一天

很多学霸级别的孩子在重要的考试之前并不会临时抱佛脚，更不会点灯熬油地彻夜复习，而是适度让自己放松，保持心情的平静愉悦。越是轻松和自然，他们反而越是能够考出好成绩，这是为什么呢？这是因为他们在无意识地采取正念的方式彻底放空自己，从而更好地感知自己的状态，也收获最好的状态。与此相似的一种情况是，在运动赛场上，很多即将参加比赛的选手都会进行热身运动，尤其是参加百米赛跑的田径运动员，因为百米冲刺需要极强的爆发力，所以他们会拉伸韧带，也会进行跑跳等动作。然而，在站到赛道上等待发令枪响的那段时间，没有人会继续进行热身运动；相反，他们会安静地等待。哪怕枪声还要再过一些时候响起来，他们也安静地站在那里，保持着内心的平静。这是因为他们需要感知自己的状态，从而把自己调整到最佳状态。

每一天清晨醒来，你是愁眉苦脸、哈欠连天地面对镜子里的自己，还是精神抖擞、笑容满面地面对镜子里的自己？这对于你的一天将会产生很大的影响。在现代社会中，生活节奏越来越快，工作压力越来越大，很多人经常加班熬夜，为此清晨醒来的时候总是困倦的，心情也不太好，紧接着而来的必然是紧张忙碌、张皇失措的一天。如果能够在醒来的第一刻就拥有正念，调整好自己的心情和状态，以正念开展新的一天，那么整天都会轻松愉悦地度过。与其等到闹铃响了三遍再蓬头垢面地起床，你不如早起10分钟，这样就可以在床上坐禅，进入冥想的状态；或者也可以早起半个小时，来一个清晨的瑜伽唤醒整个身心，那么你就会惊喜地发现，虽然你的睡眠时间减少了，但是你整个人更加神采奕奕、精神抖擞。这就是正念的强大力量。

以正念展开新的一天，在清晨，只要能进入冥想的状态，我们就可以感知到更多。例如我们的呼吸声，窗外小鸟叽叽喳喳的鸣叫声，甚至是植物生长的声音。尤其是在清晨万籁俱寂的时刻里，我们会更加贴近生命。在冥想的过程中，不仅我们的思维变得更加敏锐，我们其他的感官也会变得更加灵敏。除了听觉之外，还有触觉。这样深入的感知，会让我们更加体会到生命的美好，也会让我们的内心充满积极正向的能量和对于生命的欣喜。

第2章

正念力量——更改自己的负面脚本

当你学会使用正念的力量后，你就会发现正念能够给你带来很多神奇的改变，也会让你的生命充满愉悦的感受。当然，好习惯的养成即使使用速成法也需要至少21天的时间，要想形成正念习惯，我们就要更多地认识到正念带给我们的切实帮助和收获，这样我们才能排除万难，养成正念的好习惯，才能在运用正念力量的过程中受益更多。

对大脑进行训练

在人体的各个部件之中，大脑是最神奇的所在。迄今为止，还没有科学家能够对人的大脑钻研透彻，也有科学家提出人的大脑是潜力无穷的，而即使是最伟大的、才华横溢的人，也只是开发了不到1/10的大脑潜能。由此可见，人的大脑真的是一座丰富的宝藏，蕴藏着无穷无尽的智慧和能量。如果有一种方法能够帮助我们更好地掌控和主宰大脑，那么这种方法一定会受到很多人的追捧。

曾经，科学家们认为大脑的复杂是因为大脑的连接很复杂，而且是无法改变的，尤其是大脑的构成，更是固定的、不可改变的。而随着科学的不断发展，事实最终告诉我们大脑是可以改变的。为了验证大脑各部分的功能会随着很多因素的改变而发生改变，科学家经过研究发现，司机大脑中负责识别和记忆道路的区域更大；画家大脑中负责图形和色彩的部分更加活跃；钢琴家大脑中与手指功能相对应的功能区发展更好……由此可见，我们的天赋和特长并非单纯由大脑的先天不同决定，在后天的练习中，通过反复训练和不断地强化巩固，会使大脑的物理结构发生相应的改变。看到这里，很多人都会产生误解，觉得越是复杂的活动越是能够改变大脑的物理结构。而实际上，偶尔进行的复杂活动不会改变大脑的物理结构，对大脑的物理结构产生更大影响的是重复进行的活动，也就是重复性活动。如果你数十年如一日地做着重复的动作，你的大脑结构一定发生了你所看不见的改变。

如果把这个伟大的发现倒过来看，即我们不是在数十年如一日地进行重复性劳动之后发现大脑改变，而是在想要改变大脑结构的时候就进行这样重复的练习，那么，不管我们正处于哪个年龄阶段，我们都可以以进行训练的方式改变大脑，甚至可以培养大脑朝着我们所期待的方向去发展。这简直太可怕了，也是人类有史以来对大脑的研究得出的颠覆性发现。

为了验证这个理论，有一个在神经重塑领域极富权威性的专家，针对一所寺庙里的和尚进行了研究。他让住持安排和尚进行慈悲正念冥想，并且把这样的冥想在一定时间里持续到1万小时。等到达到预计的时间之后，他对和尚们进行脑部扫描和分析，结果证实，这些和尚的大脑中，左前额叶皮层被激活，变得比常人的左前额叶皮层大了很多。而在大脑构造中，左前额叶皮层位于大脑左侧靠前的部分，与积极的心态有着密切的关系。不得不说，经过1万小时的慈悲正念冥想，和尚们的大脑真的发生了改变，而且改变非常明显。也正是因为有了这样的实质性改变，和尚们变得心态更加积极。

当然，很多朋友看到1万小时会感到很惧怕，因为每个人都要生活，都要努力工作，根本没有时间进行那么久的冥想。按照每天进行8小时的正念冥想算，1万小时是3年半的时间。按照每天进行半个小时的正念冥想算，1万小时是55年。而且，必须是在风雨无阻、每天都坚持进行的情况下。可以说，我们基本上不可能坚持达到1万小时的正念冥想。那么，这种情况下又该怎么办呢？如果只是每天坚持做半个小时正念冥想，真的要等到白发苍苍、人生暮年才会有所改变吗？当然不是。

科学家不但对长时间的正念冥想进行了研究，对短时间的正念冥想也进行了研究。为了对比出效果，科学家找来两组被试者。对于第一组，科学家只是告诉他们要以积极的态度应对人生，而另外一个组则被要求进行慈悲正念冥想训练。结果证实，第二组的人更热爱自己，更热爱生活。由此可见，即便是进行短时间的慈悲正念冥想，如持续两周的时间，每天都进行正念冥想，也会让人有更多积极的改变，甚至使人的脑部相关区域变得更加活跃和敏感。

既然如此，我们当然要当机立断进行正念冥想，在冥想的过程中，对大脑进行训练，让自己变得更加包容、和善，也与人生和自己更好地相处。

有效改善与人相处

如果我们坚持进行正念冥想，不但可以调整好自身的状态，而且也会让自己与他人相处的模式得以有效改善。众所周知，现代社会中，人际关系被提升到前所未有的高度，拥有丰富的人脉资源，不但有利于自身发展，而且也让我们得道多助。当然，和谐融洽的人际交往氛围，更是会让我们受益良多。为此，人人都很重视与人相处，也都希望收获良好的人际关系，那么就要积极地运用正念思想，从而如愿以偿，让自己处处都受欢迎。

现代社会生存的压力越来越大，职场上的竞争日益激烈，生存也变得非常艰难，我们为了生活而整日忙碌奔波，无形中就会承受超强的压力，也会导致自身处于紧张的状态。尤其是在如今的职场上，还有很多人因为长期处于高强度的工作状态下，身体也呈现出亚健康状态，有一些实质性的改变，或者是疲惫、倦怠等身体状态出现。近些年，大城市里偶尔有三四十岁的中青年过劳死、猝死的情况发生，这就是身体和情绪在向人们敲警钟。

压力除了会影响我们的身体和情绪之外，也会导致我们在人际交往中变得紧张焦虑，无法以最放松的状态面对身边的人。紧张过度的我们就像是一个应激状态之中的刺猬，蜷缩起身体，把尖锐的刺对着外面，而把柔软的腹部隐藏起来。实际上，这样的紧张戒备状态，让我们过度敏感和自尊，也让我们总是肆无忌惮地出于直接本能的反应而对人怀有攻击的敌意。显而易见，这样的状态下，人际关系不可能得到很好的发展。举个简单的例子，妈妈只是出于关心你，而好意问你最近过得怎么样，是否工作上有不顺心的事情发生，你却质问妈妈："你就盼我不好，是吗？"在最亲近的人之间，糟糕的情绪状态、负面阴郁的思想竟会让你做出这样的反应，可想而知这样的质问会让妈妈多么伤心。而如果这么糟糕的人际相处模式发生在不那么亲近的人之间，也许这一句话就会导致原本苦心经营的友谊瞬间冰冻起来，不复存在。充满正念，把身边的人向着好处去想，友善地接纳和对待人生中的一切，我们才能放松下来，不至于冲动地做出只能导致事情变得更糟糕的直接反应。

正念能够帮助我们缓解压力，引导我们去想生活中幸福美好的事情，并积极地拓展自身的能力，让我们坦然迎接生命中的一切考验和挑战。当我们可以做到心平气和地接受和包容时，我们就会更加理解他人，也会更加友好地对待他人。这样一来，我们就能避免怀着恶意揣测他人，也能避免错误地判断他人。冥想者更加珍惜当时当下的感受，不会在人际交往中把曾经发生的不好体验牵扯进来，也不会把未来有可能变得更坏的情况考虑进来。为此，冥想者即使与从来不会冥想的人交往，也可以有效改善人际关系，与他人形成良好的互动。

众所周知，理解和尊重是人际相处的基础，冥想恰恰让我们更加关注和关爱外部的世界，包括很多的人和事情。对于曾经不能理解的一切，我们会更好地理解和接纳，这样就形成了设身处地为他人着想、站在他人立场上看待问题的好习惯。从这个角度而言，在冥想的过程中，我们要注入爱的力量，这样人际关系才会越来越好，最终产生质的飞跃。

让自己富有创造力

一个人在身心俱疲、濒临极限的情况下，大脑基本上处于僵化的状态，根本不可能有活力，更不可能有创造力。这是因为大脑的负荷过于沉重，不是处于空的或者半空的状态，而是被各种烦琐的事情和迂腐的思想与观念充斥着，就像容器被塞满，连插一根针进去的空间都没有。这样一来，如何还有空间去思考和创作呢？为此，大脑不但僵化，而且连好的想法也想不出来。

在心理学上，有人主张要怀有空杯心态，意思就是要适时地清空自己，让自己变成一个有空间的容器，这样才能接纳新的思想和见识，才能有空间去激发创新思维，产生新的思想和见识。大脑恰恰就是这个杯子，只有清除陈旧迂腐的思想，才能给大脑更大的空间，这样新的思想才能产生，或者被接纳。

产生的思想就是我们的创新，而被接纳的思想就是我们学习和进步的结果。

在正念冥想的过程中，我们恰恰可以感知自己的思想。在感知的过程中，需要注意的是，对于自己脑海中固有的思想不要妄下定论，否则你就会禁锢于这些思想。纯粹地感知，而不要对任何固有的思想进行思考和判断，也不要在遭遇这些思想的时候止步不前，这样我们就能有效地开拓思维的领域，从而让我们的大脑空间变得更加开阔。这样一来，我们当然就有空间去容纳新思想，也给了新思想更多发挥和创造的余地。

在文学领域，有一种类别的文学作品被称为意识流，这是因为这些文学作品的表述方式很奇特。还记得小时候写作文的经历吗？对于已有的题目，我们要先审题，对于还没有的题目，我们要自己拟定题目。审题之后，就要紧扣主题开始创作大纲，继而才能围绕中心和主题，按照大纲的提示进行创作。可以说，作文就是一场有谋划的文字表演，我们运用文字来表达内心，或者某一种观点、感情。与这样有的放矢的创作过程不同，意识流文学中，文字的流淌看起来好像没有规律，完全像是人的意识在自发地流动，很多读者不喜欢看意识流的作品，就是因为觉得意识流很难看懂，而且有些另类。而不管文字怎么随着意识流淌，它终究都是有思想和主旨的，只是思想和主旨隐藏在意识之下。在进行正念冥想的时候，我们不能去判断思维，而是要任由思维像意识一样自然而然地流动。实际上在正念训练中，这样的正念冥想方式叫作无选择意识的正念训练。如果我们这么去做，就可以跟随思维的流动在大脑之中开疆拓土。

若我们长时间坚持无选择的正念训练，我们的内心便会从浮躁焦虑转为安宁平静。在坚持练习的过程中，我们对于思维的感知能力会越来越强，这个时候，我们的内心潜意识层面中有很多知识正如同肥沃的土壤一样等待挖掘，我们强大的创造力就应运而生。说起来很多人都会感到难以置信，对于大多数人而言，其创造力只有在睡眠状态中才会达到巅峰，那些千奇百怪、使人匪夷所思的梦就是最好的证明。这是因为在睡眠状态，我们不会对自己加以控制，冥想与睡眠有着异曲同工之妙，也可以说冥想就是清醒状态下的睡眠。在进入深层次的冥想状态时，我们甚至会感到灵思泉涌。如果你很细心，你会发现自己越是临近睡眠状态，思维越是活跃，而且如果你热衷于写作，你的脑海中还会蹦出来很多闪光的金句或者词语，甚至是段落。而如果你不当即起床把这些妙手偶得的灵感记录下来，次日清晨起床之后，你基本上已经彻底忘记它们了。

给思维充分的空间去施展和发挥吧，你会发现有心栽花花不开，无心插柳柳成荫。你越是在思维方面无所作为，思维反而越是活跃，充满了活力和创造力。为此，我们要经常进行正念冥想，把大脑放空，让思维有广阔的空间可以自由地跳跃。

不被慢性病困扰

正念冥想可以帮助我们减轻压力。很多时候，真实的疼痛并没有我们所感知到的那么强烈，而我们之所以会对那些不那么严重的疼痛非常敏感，无法忍受，是因为我们对疼痛的恐惧和因此产生的压力。由此可以得出结论，正念可以从实质意义上减轻和缓解慢性疼痛，听起来这简直有唯心主义的倾向，也让人感到匪夷所思，而实际上这是经得起理论推敲和实践检验的。

在一项专门的正念减压法调研中，有一位专家召集了90名常年遭受慢性疼痛折磨的患者开展了实验。他带着他们进行了专门针对疼痛的正念冥想训练，为期10个星期。结果，这90名在参加实验之前对于正念冥想效果怀有质疑态度或者完全无感的患者中，有很多患者的疼痛感觉都有所降低。其中，有些患者因为紧张、焦虑等大量负面情绪的侵蚀和伤害，甚至每天都很慵懒倦怠，对于做任何事情都提不起精神来，有极少数患者完全卧床。但是在正念冥想进行到一定阶段之后，他们有了明显的改观——对于人生产生了兴趣，甚至尝试着为自己做美味的食物，产生了食欲，或者亲自修剪草坪，采摘鲜花装点家里，或者亲自驾驶汽车外出。随着这些转变的发生，曾经只能依靠止痛药来为自己镇痛的他们，开始减少止痛药的用量。渐渐地，他们从对自己完全否定，到开始接受自己，随着自我认同感的增加，他们的身体和精神状态也越来越好。

相比起只接受普通疼痛治疗的对照组，这一组患者对于疼痛的控制效果非常好。后来，接受正念冥想的患者继续进行其他形式的正念冥想，在坚持4年的时间之后，他们的身体和情绪状态得到了更好的改善，这样的坚持让他们得到了实实在在的好处，可想而知他们一定会继续坚持下去。

当你感到疼痛的时候，如果你对于疼痛怀有排斥和抗拒的心态，那么你的疼痛感就会增强。反之，如果你对于疼痛能够接纳且坦然面对，那么你就可以与疼痛共处。这正是很多癌症患者战胜癌症的方式，那就是不要抗拒癌细胞，而要接纳癌细胞，以平静的心态面对和包容癌细胞，这样可以让患者在良好的情绪状态下增强自身免疫力，从而让免疫细胞与癌细胞打个平手，谁也奈何不了谁。这样一来，癌症患者就可以长期生存下去。要想战胜疼痛，也要如此，为何非要把疼痛视为眼中钉肉中刺呢？我们越是重视疼痛，疼痛就会越发强烈和难以忍受。当我们以良好的心态接受疼痛的存在，并发自内心地把疼痛视为理所当然，疼痛就无法更进一步地伤害我们。强烈的反抗不能帮助我们减轻疼痛造成的压力，只有接纳疼痛，感受疼痛，我们因为疼痛而产生的压力才会减轻。面对疼痛，不要逃避，也不要因为紧张而让自己浑身的每一个细胞都如临大敌。只有内心坦然接受，我们才能真正放松疼痛区域附近的肌肉，而随着压力的减轻，我们的感受也会越来越好。

在利用正念冥想减轻慢性疼痛的时候，我们一定要相信正念冥想的力量，这样正念冥想才会具有更神奇的魔力和更伟大的力量，才会产生更好的效果。

你的生命将会更有意义

现实生活中，我们常常会感到空虚、乏味，或者觉得生活很无聊，没有意义。这样的感觉有的时候就像小草发芽，探头探脑，有的时候却如同海啸排山倒海而来，让我们无法招架和应付。不得不说，当这种感觉袭来的时候，我们会感到非常无力，也会觉得生命即将被湮没。如何才能赋予生命更多的意义，这是我们常常思考的问题，但是生命终究是在以怎样的方式进行呢？对此我们必须展开探寻。

赋予生活更加充实的意义，这是很多人都曾经想过的问题，只不过大多数人没有把探寻的主题定得这么精练凝聚，而是问出了更多实实在在的问题："我们为什么要工作？""我们为什么要赚钱？""我们为什么要这么忙碌辛苦，而不能慢下来？""生命中什么才是最重要的，金钱还是感情，抑或是荣誉？"……一堆的问题一股脑儿地涌过来，让我们难以招架。那些对生活感到不如意的人感到空虚，那些对于生活感到非常满足的人也时常受到空虚感的袭击。

人生不如意十之八九，人人都梦想得到如意幸福的人生，但是生活并不能遂意。当被生活折磨，当因无奈抓狂，当感受到生活缺乏趣味性和勃勃生机时，我们的内心就不那么淡定从容了。最重要的在于，我们要有笃定的心，要对于生活满怀希望和憧憬，这样才能在人生不断向前的历程中探寻到生命的意义。

古今中外，很多哲学家都在追问生命的意义，追寻生命的本源。然而，如果内心惶惑不安，这样的追问就是没有意义的，也不会得到真相。进行正念冥想，恰恰可以让我们更加贴近自己的心灵，也可以让我们在冥想的过程中更深入地领悟关于生命的很多真相，获得不同程度的觉悟。在这个世界上，有谁敢说自己从来不曾需要觉悟呢？如果有，那么他一定是个彻头彻尾的糊涂蛋，始终都被包裹在糊里糊涂的状态中，所以才不需要觉悟。每一个需要觉悟的人，都能从冥想之中获得茅塞顿开的感觉。为此，他也会更加认可正念冥想，更加愿意进行正念冥想的训练。

需要注意的是，要想在正念冥想中获得良好的效果，就一定要为自己设立目标，制订计划。很多事情，有没有明确的目标和方向，结果截然不同，我们最需要做的就是随遇而安，也要提升效率。在冥想的过程中，如果遇到障碍，或者没有得到预期的效果，还可以向专业人士寻求帮助，在专业的指点下，正念冥想的效果一定会更强大。

在坚持进行正念冥想，并且真正感受到发自内心的安宁平和之后，你会发现继续追问生命的意义已经没有意义，甚至于你对于生命的目的也不需要过多探寻。你的内心归于平静，充满了愉悦和欣喜的感受，你的内心那么充实，对于那些曾经不能包容的人和事情，你也愿意努力去包容和宽容对待。每个人的心都像是一个容器，而这个容器的空间是有限度的。当容器里充满了各种消极负面的情绪时，就没有积极正向的情绪的容身之所了，所以你必须清空这些消极负面的情绪，让心腾出空间来，容纳幸福、快乐与美好。也许，生活中的很多问题并不像你所想象的那么糟糕，你只需要换一个视角看待问题，就能够从那些似乎要把你湮没的负面情绪中摆脱出来，就能够调动自己的积极情绪理性面对和处理好各种问题。而幸福，从来都像重感冒一样是会快速传染的，当你成为积极的正能量团，当你在生命的历程中不断地崛起和强大，你必将给自己和身边的每一个人都带来愉悦的感受。由此一来，你就找到了生命的意义，也知道了生命的充实所在。

第3章

使用正念——发现人生诸多的奇妙

只有拥有正念，我们才能以更加平和安静的心态面对人生，才能在经历人生的过程中以更加敏锐柔软的心感受生命的悸动，感受在烦琐复杂的人生中面对的人和事情。正如一位名人所说的，这个世界上并不缺少美，缺少的只是发现美的眼睛。人生原本是神奇且美好的，只要你拥有善感的心灵，就能在人生之中收获更多，感受更多，从而真正体会和感悟到人生的奇妙。

找一种方式让自己身心愉悦

在如今这个社会中，竞争越来越激烈，生活的节奏越来越快，生存的压力越来越大，尤其是在大城市里，每个人都像是高速旋转的陀螺一样，即使想停也停不下来。在这种情况下，不要一味地抱怨不休，也不要总是旋转而丝毫不给自己休息的时间，而要找到一种能让自己身心愉悦的方式，从而给予人生更多获得幸福的机会。

选择正念，以正向思考的方式探讨和深入思考人生，即使遭遇各种不如意和挫折，也能够始终以积极乐观的态度面对，这是最重要的。尤其是当发现自己变得爱慕虚荣、内心忐忑不安的时候，更是要摒弃这些人生中的负面想法，从而全力以赴地让自己做得更好，也更加全身心投入地拥抱人生、畅想人生。

在深山里的寺庙中，住着一个老和尚和一个小和尚。小和尚是个孤儿，被老和尚捡到，就被带回寺庙里生活、修行。为此，小和尚不但把老和尚当成师父，也把老和尚当成唯一的亲人，与老和尚的感情很深。

有一天，天气很好，阳光明媚。小和尚起床之后，看到老和尚正坐在院子里哭泣。老和尚没有发出哭声，但是眼泪流满面庞。为此，他惊讶地问老和尚："师父，你这是怎么了？"老和尚说："没怎么啊，我正在沐浴我的心灵，洗涤我的人生。"小和尚很惊讶："但是，你坐在院子里，没有在洗澡啊！"老和尚说："我是在用眼泪沐浴我的心灵，洗涤我的人生，不需要坐到洗浴的地方啊！"小和尚更奇怪了："师父，你为何要沐浴自己的心灵呢？"老和尚笑着说："人生中有很多的境遇，需要我们亲身去经历，其中既有顺境，也有逆境，我们要始终怀有感恩之心，才能修炼自己的心，让自己对于一切都坦然接受，从容接纳，才能让自己变得淡定平和。这就是给心灵沐浴的过程。静坐常思己过，在安静的时刻里，常常想一想一切，会让我们的内心更加充满美好。"

人生不如意十之八九，正如老和尚所说的，静坐常思己过，我们每个人都要对人生怀着积极的心态，都要坦然接受人生中所发生的一切，这样才能有的放矢地面对人生，才能从容不迫地行走人生。在人生艰难的跋涉之中，我们的心灵也常常会被蒙上灰尘，这种时候，就需要主动洗涤自己的心灵，净化自己的思想，从而更加轻松惬意、潇洒洒脱。就像我们的身体需要时常洗澡一样，我们的灵魂也需要时常接受洗涤，这样才能日日常新，才能神清气爽。

不管人生是短暂还是漫长，我们都不能怀着沉重的负担去面对。当心灵积满了尘埃时，我们的内心就会陷入各种负面情绪之中，无法有的放矢地面对人生，也无法全力以赴地经营好人生。尤其是在现代社会紧张忙碌的生活中，每个人都要给自己的心灵喘息的机会。正念冥想，恰恰帮助我们在紧张忙碌的生活中有一个自我放空的空间。具体而言，首先，我们可以经常读书，在知识的充实中，给予自己更多的成长空间。其次，我们还可以一日三省吾身。没有谁能保证自己在每次面对选择的时候都能做出正确的选择，正确的做法是经常反省，提醒自己总结经验和教训，这样在未来面对相似的选择时，才会更加明智理性。

我们要排除私心杂念，静下心来全心全意面对人生，也真心地接纳人生中更多的情况。通过正念冥想，让自己身心愉悦。

生活需要快乐的元素

很多人都会抱怨生活缺乏乐趣，也有很多人会觉得生活很枯燥乏味，为此对于生活感到失望，怨天尤人，或者疲惫沮丧。的确，在和平的年代里，每个人都过着岁月静好的生活，生活中并没有很极端的事情需要我们抛头颅洒热血，也没有特别过激的事情需要我们全力以赴去应对。正是因为如此，我们才在生命的历程中感到困惑，也常常很迷惘。实际上，生活从来不会十全十美，也不会绝对让我们顺心如意，只有不断地努力上进，无所畏惧地勇往直前，才能排除万难，让我们的人生变得更好。任何时候，我们都既要全力以赴地经营好人生，也要有的放矢地面对人生，才能在生命的历程中不断地努力上进，才能收获更多成长。

然而，不论人生最终将会以怎样的面貌呈现，我们要做的还是从人生的历程中得到快乐幸福的感受。幸福是终极的追求，快乐则是生命历程中的不可缺少的陪伴。相比起幸福，快乐更加琐碎，如果说幸福是博大的，那么快乐则是短暂和微小的，有可能在一天的时间里就出现很多次，在人生的历程中无数次呈现。为此，快乐不可缺少，而且随处可见，随时都可以感受。关键在于，我们要有发现快乐的眼睛和感受快乐的心灵。这样我们在面对快乐的历程中才会有更多的收获。

一个乐观积极的人，显然能够感受到更多的快乐；而一个消极悲观的人，难免会被沮丧绝望的情绪所困扰，也会因此而感受到更多的困惑，迷失自己的本心。记住，生活中不是快乐太少，而是我们对于快乐的感受太过迟钝。我们一定要拥有发现快乐的心灵，对快乐更加敏感，这样的人生才会更加快乐。

有一个农民生活在偏僻的乡村里，每天都要去很远的地方挑水回家吃。用水少的日子里，他需要每天挑水一趟，用水多的日子里，他需要每天挑水两趟。然而，渐渐地，农民挑回家里的水越来越少，他感到很纳闷，因而仔细检查了水桶，这才发现有一个水桶的底部有个小小的裂缝。原来，每次挑水过程中，水都从裂缝中渗漏出去了。妻子催促农民赶紧把水桶底部修补好，没想到农民却摇了摇头，而是当即去集市上买了一包花种子，再次去挑水的时候，他在道路的一侧撒满了花种子。每次挑水回家，农民都把破桶放在有花种子的那一侧，这样一来，农民每次挑水都可以顺便浇花。才过了没几天，花种子就冒出芽来，农民每次挑水的时候，都可以看着一路的鲜花，他的心情也高兴起来，总是哼着歌儿。虽然这样他需要挑两次水，但是他却不觉得累，也不觉得辛苦，而是满心欢喜。

在这个事例中，农民的心态当然是非常好的。原本木桶有了裂缝漏水，是一件糟糕的事情，但是对于他而言，却没有引起任何烦恼。因为他能够摆正态度，端正心态，所以任由木桶漏水，而种上了一路的鲜花。这样一来，挑水对于他而言就不是一件苦恼的事情，还可以顺便赏花，何乐而不为呢？

我们也要有和农民一样的心态，当面对人生的坎坷和不如意的时候善于感知快乐，才能平衡自己的内心，说服自己努力地接受，直到到达欣然接受的状态。既然哭着也是一天，笑着也是一天，我们为何不笑着度过人生的每一天呢？在生命的历程中，既然注定了我们要面对很多的事情，那么就不要逃避，而要乐观积极地接纳和面对，这样才能真正解决问题，才能有的放矢地面对人生。

从某种意义上而言，我们除了要有一颗善于感受快乐的心灵之外，还要能够创造快乐。快乐是可以被发现的，也是可以被创造的。当生活中始终阳光明媚，充满快乐，我们整个人都会感到身心愉悦和放松，也会因此而进入更好的人生状态，感受更加美妙的人生意境。

快乐不仅有助于人们享受生活，也有助于人们的身体健康。心理学家经过研究发现，一个人如果总是郁郁寡欢，负面情绪就会在不知不觉间侵害他的身体健康。相反，一个人如果总是非常快乐，充满积极乐观的情绪，那么他的身体就会非常健康，他也能够从快乐的生活中感受到更多的希望，获得更多成功的可能性和创造更多人生的好机会。

慷慨赞美，才能内心安然

现实生活中，真正的人生强者为数不多，有很多人在面对人生的坎坷艰难时，常常会郁郁寡欢，甚至会情不自禁地就选择放弃。实际上，对于人生的各种境遇，我们无须过于沮丧和悲观，人生不如意十之八九，既然不如意是人生的常态，我们还有什么必要因为各种不如意而让自己在生命历程中迷失自我呢？也有些人对于自己都不能做到坦然接受，这是因为他们总是怀疑自己，乃至妄自菲薄。一方面，生理上的特征是造物主的安排，我们无法改变；另一方面，能力上的局限也不可能在短期内打破。既然如此，与其抱怨，还不如接纳和悦纳自己，并慷慨地赞美自己，这样才能内心安然，让自己获得更好的成长，赢得更加丰富和充实的收获。

一个人如果缺乏自信，总是怀疑自己的能力不够，也总是对于人生怀着忐忑的态度，那么日久天长，他就会变得畏畏缩缩，根本无法鼓起勇气和信心面对一切。在这样的情况下，他难免会感到内心沮丧，也会因为心中的畏惧和退缩而导致不能及时展开行动，轻则失去很多好机会，重则还会引起严重的后果。有一位名人曾经说过，每个人最大的敌人就是自己，一个人要想获得伟大的力量，就要先战胜自己，赞美自己，这样才能有的放矢地面对人生，才能无所畏惧地在人生的道路上前行。

很多人都能够做到慷慨赞美他人，却无法赞美自己。我们要认识自我赞美和盲目乐观自信之间的区别。妄自尊大固然会使人落后，但是客观公正地认知自己，赞美自己，则对于我们的成长和进步有很大的好处。具体而言，第一，赞美能够激发我们的潜能，让我们即使面对人生的艰难坎坷，也能够无所畏惧地向前；而且在遭受挫折的时候，依然能够想到自己有很多的优势和长处，从而不再产生畏惧和退缩心理。第二，赞美自己，也可以让我们保持一颗快乐的心，摆脱自卑的困扰。通常，能够赞美自己的人都是非常积极乐观的，他们对于人生怀着乐观的态度，也会具有更加强大的力量。第三点需要注意的是，凡事皆有度，过度犹未及。即使赞美自己，我们也要把握合适的限度，而不要盲目乐观和自信。否则如果陷入狂妄自大的糟糕状态，我们就无法通过赞美来激励和完善自己，也就不可能在赞美自己的过程中得到更好的成长和发展。很多父母都知道，好孩子是夸赞出来的；因此，我们也应该意识到，赞美自己同样可以激励和推动自己不断地努力向前，让我们成为自己所赞美和夸赞的样子。

托尔斯泰小时候由姑母抚养长大，为此他的内心很胆怯，也极度缺乏自信。后来，托尔斯泰的作品《童年》得以发表，并且被在当时已经有很大名气的屠格涅夫看到。屠格涅夫对于托尔斯泰的作品做出了很高的评价，而且四处打听《童年》的作者，最终得到了托尔斯泰姑母的地址。屠格涅夫当即去拜访姑母，并且对姑母说了很多赞美托尔斯泰的话。等到屠格涅夫离开之后，姑母对托尔斯泰说："看看吧，这就是大名鼎鼎的屠格涅夫，你能够得到他的赞美，说明他对你是非常认可的。你一定要继续努力，这样才能有好的成长和发展。"托尔斯泰一开始非常谦虚，也缺乏自信，在屠格涅夫和姑母的鼓励之下，他才找到自信。他自信地告诉自己："我很棒，我一定要继续努力，写出更加伟大的作品！"就这样，托尔斯泰充满自信，努力成长，最终成为享誉世界的文学家、思想家。

面对他人的赞美，不要一味地谦虚，因为过度谦虚的背后往往隐藏着自卑和胆怯的心理状态和情绪。我们一定要更加理性客观地认知自我、评价自我，这样才能激励自我不断地努力成长，获得更好的成就。不要总是妄自菲薄，否则就会从心灵深处否定自己；也不要总是盲目悲观，因为当你相信自己的时候，自信就会创造一切奇迹，让你感受到生命的力量。

不要忽视赞美的力量，每个成功人士都曾经有过被赞美的经历。我们要相信自己，也要勇往直前地活出独属于自己的精彩，这样的人生才是与众不同的，才是值得我们认真去面对和对待的。当然，赞美也属于正念的范畴，因为它带给我们的是积极乐观和充满希望的心灵力量，这种力量对于我们人生的成长和进步是至关重要的。

有一颗敏感的快乐之心

还记得小时候唱的一首歌吗？"春天在哪里啊，春天在哪里，春天在那小朋友的眼睛里……"的确，孩子看得非常细腻，可以敏感地觉察到身边环境的变化，因而很容易看到春天的踪迹。如果我们像寻找春天一样寻找快乐，则我们一定会过得更加开心。

正如一位名人所说的，这个世界上并不缺少美，缺少的是发现美的眼睛。同样的道理，这个世界上也不缺少快乐，缺少的是感受快乐的心灵。我们一定要坚持正念，这样才能让自己的心思更敏感，内心更强大。虽然生活不如意十之八九，但是生活的本质并不是煎熬，而是美好。我们要始终怀着充满希望的心，要对于生活饱含热情和激情，这样我们的人生才能更加无所畏惧，我们的未来才会值得期待。

遗憾的是，现实生活中虽然有很多人都很敏感，但是他们的敏感是针对生活中的不快乐。我们要敏感，但不是对不快乐敏感，而是对生活中值得铭记和感恩的一切敏感。唯有如此，我们才能在人生未来的道路上努力向前，勇敢无畏。有人说，性格决定命运，其实这是有道理的。一个人拥有怎样的性格，往往决定了他面对这个世界的态度，也决定了他在人生之中会有怎样的际遇和收获。人生在世，最终极的目标就是获得幸福快乐，而不是整日忧愁，更不是与自己过不去，始终都在较劲。

人生归根结底应该是舒展的，而不应该如同拧麻花一样始终拧着劲。我们一定要过好生命中的每一天，学会铭记那些生命中深刻的、刻骨铭心的一切，也学会遗忘生活中那些不愉快的过往。这样人生才能轻轻松松地向前，我们才能激发自身的所有力量，去创造和寻找快乐。

做人，还要有感恩之心。现实生活中，之所以很多人都觉得不快乐，是因为他们觉得自己得到的太少，失去的太多。而实际上，得失都是相对的。当我们拥有坦然平和的心态时，我们的未来就会更加璀璨夺目，我们的人生也会更加绚烂多彩。在这个世界上，存在即合理，每个人都要敞开怀抱接纳生命中的一切，才能勇敢无畏，才能收获更多。然而，人的本能就是趋利避害，很多人都会在人生中迷失，一味地追求所谓的得到，而不懂得正视那些得到和失去。从本质上而言，得到和失去也是会相互转化的，有的时候得到就是失去，有的时候失去就是得到。我们唯有怀有感恩之心，才能在平衡得失关系之后，勇敢无畏地向前，安然快乐地成长。如果一个人的人生始终泡在蜜罐里，就不可能有更多的收获和成长。反之，如果一个人的人生始终都在经历各种坎坷磨难，那么反而会变得丰实和厚重。所以是挫折和磨难成就了今天的我们，是感恩之心点燃了人生的光。

小草看似平淡无奇，却能够为大地披上绿意，给人们带来满眼的绿色；花儿虽然盛开的时光很短暂，却在短暂的时光里给人带来了美丽的景色，也愉悦了人们的心情；大树不但是栋梁之材，也可以用绿荫为人们带来清凉，让地球上有更多新鲜的空气……每一件东西的存在都不是可有可无的，在人生的过程中，我们一定要端正心态，坚持正念，这样才能成长，才能真正发自内心地接纳很多的东西。

很多人之所以远离快乐，是因为他们根本不知道快乐为何物。快乐到底是什么呢？快乐是一种感受，就像飞在天上的风筝，常常飞得很高，我们甚至看不到快乐的身影，但是，我们可以在感受快乐的过程中，与快乐亲密相拥。面对无法改变的外部世界，我们一定要坦然接受，要学会苦中作乐，要学会在生活的间隙里求得生存的更广阔的空间。当你的心变得敏锐、柔软时，你会发现自己的身边有很多的快乐，甚至你被快乐包围，也为快乐所成就。

活在当下，学会遗忘

还记得鲁迅笔下的祥林嫂吗？祥林嫂命运凄惨，不但没了丈夫，就连孩子也被狼叼走了，她的遭遇得到了很多人的同情。一开始，每当祥林嫂开始喋喋不休地讲述时，人们还能满怀同情地听着，然而随着时间的流逝，祥林嫂依然逢人就讲，渐渐地，人们对于祥林嫂的同情减弱，就不愿意再继续倾听了。甚至到了最后，人们对于祥林嫂的心态改变，开始厌恶祥林嫂。祥林嫂的遭遇的确很悲惨，也值得同情，但是这并不意味着祥林嫂就应该始终活在悲惨的过去之中，不愿意走出来。任何人在人生之中都有可能遭遇不幸，最重要的是要从不幸中摆脱出来，而不是让不幸的阴云始终笼罩在我们的心头，压抑我们的内心和感情。

现实生活中，大多数人都没有祥林嫂这样的悲惨遭遇，但是他们依然怨天尤人，对于生活有很多的不满。他们或者抱怨自己曾经被不公正对待，或者抱怨自己得到的太少，失去的太多，却不知道他们之所以感到不幸，不是因为他们的遭遇，而是因为他们的心。一个人若始终不能遗忘那些不愉快的事情，而总是把沉重的负担背负在心灵之上，他就无法积极地感受人生，也就无法真正轻松地在人生之路上前行。曾经，有位名人说过，一个人如果始终沉浸在过往的不幸之中，就会导致自己更加处境悲惨，因为不幸的气场一旦形成，就会招致更多的不幸。与此恰恰相反，一个人如果总是能够从不幸之中抽身出来，让自己遗忘那些应该遗忘的，在人生的道路上轻松前行，那么他就可以积极地面对人生，也可以拎得清很多事情的轻重，从而让自己获得更好的成长和发展。西方国家也有很多劝人放下的谚语："假如因为错过了太阳而哭泣，那么就要连群星也错过""不要因为打翻的牛奶而哭泣"。只要我们铭记这些话，在人生之中对于该记住哪些、该忘记哪些始终分得清，我们的未来就一定会有更好的成长和发展，我们的人生也会变得更加充实与精彩。

很久以前，有两个朋友结伴出行去旅游。在沙漠里的时候，甲做错了事情，被乙狠狠地批评一通，还被乙在盛怒之下打了一巴掌。为此，甲把这件事情写在沙滩上：今天，乙打骂了我。在环境艰苦的沙漠里，他们走了很久，在即将感到绝望的时候终于来到了海边，这个时候，甲和乙绝处逢生都很高兴，当即跳入海里开始游泳。

也许是因为海水太凉，甲才刚刚跳入海水里，小腿就抽筋了。甲来不及呼救，开始往下沉，这个时候乙发现了异常情况，当即游向甲，奋不顾身地把甲救了出来。甲和乙全都筋疲力尽地躺在沙滩上，甲才刚刚恢复体力，就拿出刀在一块石头上刻下：今天，乙救了我。看到甲拿着刀艰难地刻着，乙感到很费解，忍不住问："写在沙子上不是更轻松吗？"甲说："写在沙子上的事情很快就会随风而去，而刻在石头上的事情，则会永远都铭刻着，绝不忘记。"后来，甲和乙成为一辈子的好朋友。

在人生之中，有些事情是要牢牢记住的，而有些事情则是要学会遗忘的。在或者漫长或者短暂的人生之中，如果我们总是事无巨细都记住，也总是把那些不开心的事情铭记在心，可想而知，我们一定生活得不快乐。我们都要学会遗忘，这样才能在人生道路上不断地奋勇向前，才能放下沉重的负担，轻装上阵，快乐前行。

人生不如意十之八九，每个人在生命的历程中都会经历各种各样的不如意，如果总是在生命的历程中迷失，也总是沉浸于过去的不如意，那么我们就会处于停滞的状态，也会导致自己忘却生命的初衷。诚然，失败是我们进步的阶梯，挫折和磨难是人生的学校，但是在获得成长之后，我们就应该摒弃这些不愉快的事情，这样才能不断地努力向前，超越自我，成就人生。

记住，人生只有3天的时间：昨天、今天和明天。如果我们始终沉浸于过去无法自拔，对于已经变成人生的历史、无法更改的过去耿耿于怀，那么我们就会失去对于当下的把握。昨天，就是由每一个逝去的今天变成的，而值得我们期待的美好明天，也会随着时间的流淌来到我们面前，变成今天。从这个意义上来说，今天也就是昨天和明天之间的衔接，在昨天和明天之间起到承上启下的作用。只有切实地活在当下，把握好今天，我们才会有充实无悔的昨天，才会有值得期待和憧憬的美好明天。任何时候，都不要迷失自我，更不要沉浸于过去。人生总是充满了各种惊喜，我们唯有活在当下，学会遗忘，让自己轻松地行走人生之路，才能更加领悟到生命的真谛，才能无所畏惧地勇往直前。

第4章

正念减压——搬开心口上的石头

在现代社会生存，每个人都有巨大的压力，我们固然可以把压力转化为动力，但是如果长期在过大的压力之下生活，很容易导致我们的身心健康都受到影响。为此，我们要学会正念减压，这样才能搬开始终压在心头的沉重石头，让自己感到身心轻松，从而不管是做什么事情，都有更多的希望在心底里燃烧，也因此而充满积极的力量。

积极主动应对压力

前文我们曾经讨论过反应和响应的区别，最终得出结论：反应是本能做出的直接行为，而响应则是在经过思考之后才采取的应对措施。对于人生中的很多人和事情，我们都会本能地做出反应，包括在面对压力的时候。当我们因为压力而在无意识的状态下做出本能反应，我们也就产生了压力反应。当然，压力反应并非只会给我们带来负面的影响和作用，有的时候，压力反应也会使我们分泌肾上腺素，从而爆发出更多的能量。当然，这只是非常偶然的情况，更多的时候，我们的压力反应并非积极向上的，而是会表现出消极被动的特点。在这种情况下，我们不得不承受更大的压力，也面临更糟糕的局面。为此，越是压力山大的情况下，我们越是要控制自己，主宰自己，避免自己针对压力做出本能的反应，而是在理性思考之后，对压力做出积极的响应。这样的响应，有助于我们缓解压力，也有助于我们在面对压力的时候爆发出自身的力量，更好地面对人生。

说起来让人难以置信，每个人对于压力的本能反应，与童年时期的生活密切相关，甚至在很大程度上取决于遗传因素。这就意味着，当我们见惯了父母如何应对压力后，我们也就会以同样的方式应对压力。此外，父母的性格在一定程度上也遗传给我们，所以我们所呈现出的与父母相似的应对压力方式，与我们从父母那里遗传到的性格因素也有很重要的关系。在现代社会的生活中，我们都在承受着压力，不管是贫穷的人还是富有的人，也不管是无业游民还是职场精英，压力对于每个人都如影随形，也常常会让我们感到非常焦虑不安。

很多职场人士都喜欢通过喝咖啡的方式来应对压力，实际上，当一个人一杯又一杯地喝咖啡，在咖啡因的刺激和兴奋作用下，他反而会感受到更大的压力。所以在压力之下，当你情不自禁地特别想做一件事情的时候，不要忙着去做，也不要忙着采取行动，而要先静下来。老司机都知道，遇到红灯，宁停三分，不抢一秒，实际上面对无奈的现实，我们同样要学会停顿，给予自己更多的时间用于理智思考。渐渐地，当我们养成理性面对压力的好习惯后，就不会对压力做出直接的本能反应。尤其是在进行正念训练之后，我们更是可以有的放矢地缓解压力，从而成为自身情绪的主宰，也让自己面对人生时充满智慧。

当然，经验告诉我们，一个人面对压力的方式并不总是无用的，也不总是有用的。为此，最重要的是反思，这样才可以知道哪种方法更为有效，哪种方法则总是无效的。常言道，借酒消愁愁更愁，这告诉我们在压力山大的时候，喝酒和咖啡等刺激性饮料都不是好办法，最重要的是要让自己的内心更加淡定平和，采取适宜的方式解决问题。还有很多自诩为吃货的人，在压力大的时候就会胡吃海喝，暴饮暴食，殊不知，这样盲目地以饮食的方式来填充自己空虚的心灵，还很有可能会患上厌食症呢！为此，越是压力大，越是要怀着理性控制好自己，这样才能成为情绪的主宰。

相比起用吃喝来解决问题，在压力山大的时候，主动进行各种运动，或者去郊外远足，或者去健身房挥汗如雨，是更好的选择。此外，如果内心深处无法恢复平静，或者常常感到困惑和无奈，那么还可以采取正念冥想的方式，让人生走入正轨，恢复良好的状态。如此，我们才能坦然面对压力，从容消除压力。

不要奢望人生可以一帆风顺，永远也不被压力困扰和侵袭。在这个世界上，从未有人的人生是一帆风顺的，我们必须要对压力的存在怀有正确的态度，正视压力，才能在成长的过程中不断地锻炼自己的内心，让自己的心变得更加强大，人生才能更加从容不迫。当意识到自己有可能被各种负面的情绪困扰的时候，还可以及时采取措施，防患于未然。这样一来，就能在问题真正产生之前缓解问题，尽量消除问题的诱因，也可以在面对人生的各种艰难处境时，真正接纳一切。人人都不可能在人生过程中不劳而获，哪怕只是心底里的宁静，也是需要不断修炼和提升自己的心才能获得的。否则，越是抗拒压力，与压力产生对抗，则越是会在压力状态下迷失，越是会在人生中感到迷惘和不知所措。

气息均匀，压力消解

具体而言，在用正念消解压力的时候，我们可以采取呼吸解压法。每个人每时每刻都要呼吸，如果可以调匀气息，把呼吸变成缓解压力的有效方式，效果往往就会非常好。因为我们随时随地都可以呼吸，为此呼吸也可成为一种随时缓解压力的好方法。在很多减轻压力的方式中，都曾经提到呼吸法，那么在使用正念来缓解压力的时候，我们又要如何调节呼吸，从而达到预期的效果呢?

通常情况下，在进行正念冥想的时候，我们并不需要像用其他方法时那样调节呼吸的频率和节奏，而只是需要集中所有的精神和注意力，全神贯注地感知呼吸即可。具体来说，我们有以下几种方法可以使用。

第一种方法，可以在进行正念冥想的时候，把注意力集中在呼吸上，在心中默默地为呼吸计数，从而让自己全神贯注于呼吸。在进行正念冥想的时候，要保持冥想的姿态，在冥想的同时减轻呼吸的压力。而如果只是在为呼吸计数，以这样的方式减轻压力，则无须保持冥想的姿态。为了更好地集中精神，可以闭上眼睛，全神贯注地感受每一次呼气吸气。需要注意的是，在计数的时候，无须数到大数，而只需要从1到10，再次从1到10，如此循环往复即可。如果因为走神而导致计数终止，只需要再次从1开始计数即可。乍听起来，这样的计数是很简单的，你甚至误以为自己可以数很多次从1到10，而现实情况却是，假如你对于很多的事情感到担忧或者困惑，你根本无法从1数到10，你甚至无法顺利地数到2或者3。如此，便从头再来，直到能够镇定从容地数数为止。记住，一定不要指责自己，也不要因此而心生不宁，变得紧张焦虑。和你可以从1顺利地数到10一样，你无法数到2或者3也同样正常。

第二种方法，利用腹部进行呼吸。通常情况下，我们的呼吸都很浅，呼吸短促而且频率很快。利用腹部进行呼吸，我们的呼吸就会变得很长，呼吸之间间隔的时间就会变长，而且每一次呼吸都会给我们带来通体舒泰的感受。在这种情况下，我们可以更好地感受呼和吸，也可以让自己变得更加专注。

第三种方法，进行正念式呼吸。正念式呼吸是在深呼吸的情况下进行的。我们首先进行深呼吸，让自己的腹部被空气充满，接下来，在呼气的过程中，我们要缓慢地把空气呼出来，这个过程可以很慢，只要我们感到舒服即可。在这个如同电视上的慢镜头一样放慢了的过程中，我们可以更好地体验和感受气息，也可以更加专注于呼吸。在日常生活中，我们随时都可以进行正念式呼吸，尽管这个呼吸看起来很简单，也不难以进行，但是它对于压力的缓解有着很好的效果。正念式呼吸未必要在静止的状态下进行，也可以在运动的过程中进行，如慢跑、骑自行车等有氧运动，都是我们进行正念式呼吸的好时机。如果我们习惯于经常性地进行正念式呼吸，我们就可以利用生活中很多零碎的时间来缓解压力，如在等公交车的时候，在等待计算机重新启动的时候，在银行里排队缴纳水电费的时候。只要你想，哪怕在很短暂的时间里，你也可以从容地进行正念式呼吸。

均匀的呼吸，有利于我们缓解压力，而且在气息均匀的情况下，我们的心情也会保持平静，从而可以起到最好的正念作用。现代社会，人人都面临着巨大的生存压力，既然如此，我们就不要总是与压力对抗，也不要因为压力存在就让生活和工作变得一团糟糕。只有真正接纳压力的存在，并有的放矢地采取适宜的方法缓解压力，我们才能与压力和谐共处，才能真正有效地把压力转化为动力，给人生增添魅力。

换个角度看待压力

有的时候，压力实在太大了，我们甚至无法控制压力，更别说缓解和转化压力了。这种情况下，不要一味地寄希望于压力不复存在，而要换个角度看待压力，进而控制压力。古人云，知己知彼，百战不殆，在控制压力之前，我们要清楚一个事实，那就是压力的来源很复杂。大多数人误以为压力只来自压力源，而实际上现实并非如此。压力从本质上来说是一种威胁，这种威胁会给我们带来负面影响，为此我们在面对压力的时候非常紧张，甚至对压力如临大敌。在这种紧张的状态下，我们就会情不自禁地产生本能反应，注意，这里所说的是本能反应，而不是响应。这样的反应很有可能会导致事情变得更糟糕，因为它是不假思索地做出来的，而且是非常直接地做出来的，我们往往没有更多的时间去思考。这个时候，我们可以跳出思维的局限，从旁观者的角度冷眼看待压力。这样有助于我们变得轻松，而避免我们被压力压得喘不过气来，甚至失去理性和理智。

当然，作为压力的旁观者面对压力，说起来只是简单一句话，真正想要做到却很困难。这是因为在面对压力的时候，我们难免会很紧张焦虑，也会困惑不安。在这种情况下，为了帮助自己厘清思路，我们可以采取一种很有效的方式，那就是利用纸和笔来帮助自己整理清楚思路。当把那些凌乱不堪的想法写下来后，你会发现你的思路豁然开朗，很多原本漫无头绪的东西也会有了轻重主次之分。在写的过程中还要注意区分的是，你只是在不加选择地写下自己的想法。哪怕你一笔一画地把这些想法写了下来，也并不意味着你的想法就是正确的。很多时候，你之所以会在想法很纷乱的时候感到压力山大，并不是因为你的想法，而是因为你觉得你的想法是正确的，但是你又不知道如何让你的想法变成现实，给你带来好的影响。肃清你的想法，这很重要，要意识到未必所有的想法都很重要，这对于你的成长来说是不容忽视的。

当然，我们还应该让自己的心胸变得开阔。我们对于一切事情的思考和衡量，都是以心为背景的。这就像是把一粒芝麻放在小碟子里，我们马上就能看到芝麻的存在。而如果把一粒芝麻放在一个盘子里，我们就需要认真仔细地看才能发现芝麻。而如果把芝麻放在箩筐里，那么哪怕我们很费劲地去仔细寻找，也不一定能找到这粒芝麻。我们的心应该是小碟子，还是盘子，还是箩筐？其实，我们的心应该是一片辽阔的土地，如此一来，哪怕洒下一大片芝麻也找不到。把心放大，压力就小了、少了。我们所看到的外部世界的一切，都是各种人和事情在我们心中的折射，所以才会有人说，心若改变，世界也随之改变，这是非常有道理的。当遭遇思维的怪圈，走入思维的死胡同时，我们哪怕只是换个角度来看待问题，也会有与众不同的收获。

第5章

平复焦虑——正念是最好的“定心丸”

现实生活中，很多人都会为各种事情困扰，陷入焦虑的情绪之中却不自知。而极少数感知到焦虑的人，又会因为焦虑而烦恼，甚至因为焦虑而陷入各种艰难的情绪困境中无法自拔。要想平复焦虑情绪，就不要一味地与焦虑对抗，否则越是不接纳焦虑，焦虑反而愈演愈烈。坚持正念，进行正念冥想的训练，可以帮助我们减轻焦虑状态。

大多数焦虑都毫无意义

为了研究焦虑是否真的会发生，曾经有一名心理学家专门展开实验。他召集了很多实验对象，给他们每个人都发了一张纸，让他们把此时此刻正在焦虑的事情写在纸上，并且署上他们的名字。心理学家做完这一切，就让实验对象都走了，各自回归到各自的生活中，一如往常。过了很长一段时间，心理学家再次召集实验对象们聚集在一起，把他们曾经写满焦虑的那张纸分发给他们。结果，大多数实验对象所担忧和焦虑的事情都没有发生，只有极个别实验对象担忧的事情真的发生了，但是事情的结果并没有因为担忧和焦虑而发生任何改变。这就意味着，大多数人的焦虑根本没有意义，而少部分人的焦虑虽然真的有预见性，却并不会对事情的结果有任何实质性的影响。为此，焦虑其实是毫无意义的，该来的总会来，怕也会来，这符合墨菲定律。不该来的总不会来，就算真的焦虑也不会来。既然如此，我们的焦虑还有什么意义呢？

然而，焦虑作为人的一种正常情绪，并不会因为理性的思考就不再产生。在日常生活中，当我们非常紧张的时候，当我们因为各种事情而忧愁的时候，或者我们的身体有不舒适的情况产生的时候，都会导致焦虑。从这个角度而言，焦虑是人类特别正常的一种感情，也是无可指责的。有的时候，焦虑也会对我们的生活起到积极的作用，例如当意识到危险邻近的时候，人们会因为紧张焦虑而对自己的行为举止更加慎重。这样一来，就有可能避开危险，也避免自己遭到意外的伤害。

提到焦虑的情绪，就不能不提起恐惧。恐惧也是人的一种本能情绪，是多种因素综合作用产生的。很多时候，真正可怕的不是引起我们恐惧的事情，而是恐惧本身。正是基于这个角度，才有人说恐惧是人类最大的敌人。和焦虑一样，恐惧也可以帮助我们躲避危险，但是当恐惧过度的时候，我们就会失去做很多事情的勇气，从而导致自己陷入恐惧的怪圈中无法自拔。所以不管是恐惧还是焦虑，都不是纯粹积极的情绪，我们一定要更加意识到恐惧和焦虑的本质，这样才能够更好地控制自己的心情，并有的放矢地调整好自己的心态。

当你总是被忧愁、焦虑和恐惧困扰的时候，进行正念冥想是很有效的方法。在现代社会，焦虑已经成为困扰很多人的心理疾病，有相当一部分人不但对于值得焦虑的事情焦虑，也会对于很多正常的情况感到焦虑，这就是广泛性焦虑障碍。这样的焦虑已经到达病态的程度，被纳入医学的范畴，为此不再是普通的心理问题，甚至需要服用药物、接受正规的心理治疗才能得到好转。近些年来，也经常会有人因为焦虑、抑郁而走向极端。与其等到情绪不可控时再去懊悔，不如在焦虑情绪萌芽的时候就采取相应的有效措施，缓解焦虑，减轻焦虑。

消除焦虑并不是一件简单容易的事情，这是因为充满忧愁的思想就像是一块狗皮膏药一样，常常会在沾染上我们之后就对我们亦步亦趋，绝不愿意随随便便离开。我们越是想要扯下这块狗皮膏药，越是觉得疼痛，甚至会觉得狗皮膏药不但撕扯下我们的皮毛，也撕扯下了我们的皮肉。既然这样的对抗方式行不通，就不要再与焦虑情绪相对抗，而应坦然接受焦虑情绪的存在，也以平静的心态面对焦虑情绪。在这样的前提下，再坚持正念，扶根固本，从而让正念起到积极的作用，也帮助我们与焦虑和谐共处。

需要注意的是，大多数人面对焦虑等负面情绪都会采取对抗的态度，而正念则要求我们在面对各种负面情绪的时候不排斥、不抗拒，而是坦然面对和接受。唯有如此，我们才能利用正念缓解焦虑，克服因为焦虑而引起的各种负面想法。打个比方，古时候，大禹治水，三过家门而不入，却没有消除水患。后来，他想明白一个道理，那就是对于水只能引导和分流，而不能堵塞，否则水越积越多，一定会导致决堤，引起更大的灾害。在四川，都江堰工程也正是如此。李冰之所以能够千古留名，就是因为都江堰这个奇观工程。所以面对焦虑，就像要面对奔腾的河水一样，不要总是采取对抗的态度，而要真正接纳，有的放矢地去引导和分流，这样才能与焦虑和谐共处，才能避免被焦虑决堤。

正念强大，焦虑消散于无形

利用正念来克服焦虑，这是缓解和消除焦虑的好方式。在现实生活中，几乎每个人都在为各种各样的事情担忧和焦虑，与其沉迷于其中无法自拔，或者把心门封闭起来，让焦虑在原本狭仄的心中蔓延，不如积极地正面面对焦虑，接纳焦虑，也以恰到好处的方式克服焦虑。

一个忧思深重的人，总是会面对各种各样的焦虑。其实，生活原本就是琐碎的，需要我们关心和照顾的事情也很多。在这样的情况下，一味地陷入焦虑状态无法自拔，当然是不可行的。为此，我们要区分清楚焦虑产生的真正原因。对于一个妈妈来说，如果她在为孩子的安全担忧，那么她就会变得非常焦虑。这是因为担忧本身加剧了妈妈焦虑的情绪。如果能够准确区分焦虑到底为何产生，也区分清楚焦虑的根源，我们就可以有的放矢地消除和缓解担忧。如果我们只是沉浸在焦虑之中，而忽略了焦虑产生的根本原因，或者明知道自己焦虑是因为担心孩子的安全，却不愿意直接面对这样的担忧，那么我们的焦虑情绪就会愈演愈烈，直到将我们湮没。

已经明确意识到自己经常焦虑甚至陷入忧虑状态之中的人，一定不要总是习惯性逃避。习惯性逃避常常会让我们错失很多的机会，使我们就像一只鸵鸟一样把自己的头深深埋藏在沙土之中，而不管不顾自己的身体将会被怎样摧残。在人类社会中，也常常会有这样的情况发生，那就是掩耳盗铃。为此，任何时候都不要对人生采取逃避的态度，不管人生中到底发生了什么事情，又面临怎样的困窘，逃避都无法解决问题，只有勇敢面对，才能让更多的事情得到缓解，才能让我们自身得到更好的成长。

在正念的影响下，我们会采取接纳的态度面对各种情绪，而不对这些情绪品头论足或者心怀苛责。当然，这样的接受固然是全盘接受，却不是无所作为。在面对这些情绪的时候，我们可以怀着探究和钻研的态度，从而尽量透过情绪的表面认知情绪的本质，也尽量在各种感觉一起涌来的时候保持自己的从容和安然。记住，任何情绪的状态都不会始终维持下去，很多时候，我们对于情绪怀着排斥和抗拒的态度，反而让自己更被动，因此，不如采取冷处理的方式，让自己对于情绪坦然接受，也正确面对。这样一来，我们就可以尽量理性地对待焦虑情绪，也在正念的鼓励和强大影响力之下把忧愁的事情看得更轻，从而让自己更加满怀希望和信心地面对未来的人生。

小慧简直要崩溃，因为她家的楼上搬来一户新邻居，这户新邻居家里有个顽皮的孩子，每天都在房间里跑来跑去，折腾个没完没了。为此，小慧非常烦躁，不止一次去和邻居沟通，但是邻居却表示孩子才3岁，根本管不住。小慧郁郁寡欢，不知道如何面对这么糟糕的邻居。对此，有朋友给小慧出主意，让小慧使用震楼器，对邻居采取反击。在又一次被折腾到很晚乃至失眠之后，小慧终于下决心使用了震楼器。但是，邻居竟气鼓鼓地来找小慧吵架，让小慧更加生气：“是你们先影响我的，我才影响你们一次而已！”对此，邻居坚持说孩子不懂事，小慧却是成人，不能这样故意使坏。这次争吵最终惊动了警察，小慧郁闷极了。

一个偶然的机会，小慧读到一本书，上面写着正念式思考。小慧豁然开朗：既然我无法改变邻居，为何不能改变自己的心态呢？终有一日，我也会有孩子，孩子也会在房子里跑来跑去影响楼下的邻居，我不如就当是先实习养育孩子吧，还可以利用这段时间多多读书，或者做瑜伽。在调整了作息规律，把作息时间往后推迟1小时之后，小慧对于楼上传来的脚步声再也不放在心上，睡眠状态也有了很大的改善。

在这个事例中，小慧之所以能够从被邻居搅扰得抓狂，到调整好心态，接受邻居家孩子的存在，甚至自我平衡为提前实习适应有孩子的生活，是因为借助了正念的力量。也正因如此，她对于这件事情整个的态度都变得不一样了。从本质上而言，正念并不能真正消除焦虑的情绪，但是可以让我们的心胸更加开阔，从而主动换一个角度来看待问题，处理问题。正如人们常说的，心若改变，世界也随之改变，只要我们心中充满积极正向的想法，远离消极负面的情绪，我们就可以消除焦虑。

要想使用正念来消除焦虑，我们首先要正确感知焦虑情绪的存在，与焦虑情绪建立友好的和平共处关系。如果我们怀着怒不可遏的心态面对焦虑，那么我们就会因为愤怒而失去理性，并且因为愤怒而导致智商降低。在这种情况下，我们已经被气昏了头，也被焦虑搅扰了良好的心态，根本不可能心平气和地感受焦虑，消除焦虑也就无从谈起。

此外，在日常生活中，我们每当觉得焦虑即将来袭的时候，就要调整好心态，尽量从积极乐观的角度看待问题。尤其是在即将陷入负面情绪之中的时候，我们更是要坚持正念，让自己的内心中充满积极正向的想法，这才是最重要的。人与人之间的相处总是互动的，实际上，人与情绪之间的相处也是互动的，也是需要不断地磨合才能达到融洽和谐状态的。这是一个漫长的过程，一旦我们与情绪建立了友好的相处方式，我们未来就可以更加平和淡然，也可以在人生的历程中获得更好的成长和长足的进步。

克服成功焦虑

现代社会，人人都渴望获得成功，甚至有些人对于成功怀着急功近利的心态，总是想要一蹴而就获得成功。然而，天上从来没有掉馅饼的好事情，也不会有免费的午餐，每个人要想获得成功，都要付出长期的艰苦卓绝的努力，排除万难，才能在一步一步努力向前的过程中距离成功越来越近。

成功是没有捷径的，在确立人生的梦想和方向之后，我们就要不遗余力地勇往直前。然而，让人感到惊讶的是，很多人在追求成功的过程中，会感到很害怕，甚至近事情怯，越是靠近成功，他们越是彷徨和困惑。不得不说，他们已经陷入了成功焦虑之中，如果不能怀有正念，始终坚持在成功的道路上前行，就会停滞下来，也会导致自己非常被动。

如今，不仅仅是成人承受着巨大的压力，孩子也是如此。很多父母望子成龙、望女成凤，把生存的压力转嫁到孩子身上，为此他们给孩子报各种各样的培训班、补习班，而且陪着孩子四处上课、补习。在这样的过程中，父母的焦虑和孩子的压力与时剧增。最终，每一个人不但没有如愿以偿地获得伟大的成功，反而无法停止焦虑追求的脚步。这样一来，对于成功的渴望就演变成成功焦虑，甚至演变成成功焦虑症。

古人云，生于忧患，死于安乐，这告诉我们忧虑对于人生有很大的促进作用。其实从医学角度来说，焦虑并不是一种纯粹糟糕的情绪，事实上在适度焦虑的状态下成长，每个人都会变得更加努力上进。但是凡事皆有度，过度犹不及。焦虑也和安逸一样，是不可过度享受的。过度的安逸消磨人的意志力，使人不思进取、颓废沮丧；而过度的焦虑则让人变得忧愁和紧张恐惧。为此，必须把焦虑控制在适度范围内，不要被成功焦虑扰乱了自己的内心，这样才能避免因为成功焦虑而迷失在人生之中，才能让自己的内心有更加明确的方向。

大学毕业后，维纳就陷入了焦虑状态之中。他虽然毕业于名牌大学，专业也很不错，但是他身边的其他同学都已经在父母的安排下有了好的工作，甚至有的同学刚开始工作就有一个很不错的职位。而且，维纳还是单身，很孤独，而他的几个好朋友全都在大学里交到了女朋友，其中有个男生的女朋友还长得非常漂亮呢！为此，维纳觉得自己很失败，为何到了大学毕业的时候依然两手空空，职场也失意，情场也失意呢！

在被一家心仪已久的公司拒绝之后，已经找工作半年的维纳身无分文，最终走上了绝路，以自杀的方式决绝地告别了这个世界。这样的消息让所有人都感到震惊，而这个世界上从此之后再无维纳。

维纳毕业于名牌大学，如果不是对于工作要求过高，他几乎可以马上找到工作，也可以养活自己；维纳虽然还没有女朋友，但是在参加工作之后，他一定有机会认识更多的女孩，也可以找到自己的爱情……几乎每一件事情都有机会朝更好的方向发展，而且事情本身并十分糟糕，为何维纳就不能接受和面对呢？这与维纳的成功焦虑症密切相关。因为被成功焦虑症扰乱了心绪，维纳没有耐心等待自己得到更多，也不想通过长久的努力证明自己的实力，尤其是他身边的很多同学都借助于家里的帮助有了比他高出很多的起点，这让他的内心更加充满了焦虑和无奈，甚至没有办法面对自己，最终才导致了惨剧的发生。

现代社会中，有很多人都受到成功焦虑症的困扰，为此他们的心中失去平静，乃至只能很无奈地面对人生。正是因为成功焦虑症的负面作用，他们对于成功迫不及待地想要靠近，而失去了脚踏实地、一步一个脚印面对人生的心。可想而知，处于这样被动的局面中，一切的发展都会变得很糟糕，我们的未来也会非常无奈。为此，必须要坚持正念，这样才能让自己的内心始终充满正向积极的能量，才能让人生变得更加平静淡然，从容不迫。

人生，不管是短暂还是漫长，都是不可重来的过程，我们一定要学会忠于内心，不忘本心，享受生活。也许有的人会抱怨这个社会和时代太过喧嚣，而实际上，大隐隐于市，偷得浮生半日闲。只要我们愿意固守内心的宁静，我们就可以有的放矢地面对人生，成就自我。记住，不管是事业还是权势，都不是人生的终极目标，只有内心平静安然的感受，才能够始终陪伴在我们的身边，陪我们从清晨到暮色苍茫。我们要坚持正念，成为人生的主人，而不要总是迷失在人生的各种境遇之中，更不要因成功焦虑而丢失了自己。

不要为未来感到烦恼

很多人都希望人生岁月静好，为此他们最乐于做的事情就是透支未来的烦恼。例如很多年轻的父母，明明自己有房子住，却因为想到孩子将来长大成人之后也许要承受高房价，为此他们想要为孩子提前购置房子。这样一来，就把自己的生活彻底打乱，他们不得不承受双倍的月供，一份是自己的房子，一份是为孩子储备的房子。常言道，儿孙自有儿孙福，其实这样去为孩子着想和考虑，已经超出了父母为孩子未雨绸缪的正常范畴。如果父母有经济实力，当然可以为孩子买房。而如果父母没有经济实力，而只是为了孩子就不顾一切去努力争取，那么对于父母而言，这么做就是得不偿失的。和为孩子准备一套房子相比，给孩子提供更好的教育，并在工作之余抽出更多的时间陪伴在孩子身边，这对于孩子才是更好的生命养料。若为了买房子而耽误孩子的教育，又因为经济压力大而一味地工作，不能在孩子成长的过程中引导和照顾孩子，那么，一旦孩子不成材，即使父母有几套房子也不够孩子去败坏的。孩子真正成人成才，这才是孩子立足于社会的根本所在。

人在漫长的人生之中，会度过不同的成长阶段。在每一个成长阶段，人都有自己的任务需要去完成，也有成长的使命。一个人即使能力再强，也无法透支一生的烦恼，再把所有的烦恼都一一清除掉。正因为如此，伟大的哲学家们才提出活在当下的思想，并且以此劝谏世人。

很久以前，有个老和尚带着小徒弟生活在深山中的寺庙里。每天清晨，小和尚都要早早起床负责清洁庭院。然而，时值深秋，树叶一片一片地飘落下来，往往是小和尚才把落叶扫完，新的落叶就又飘落下来，把地面弄脏。小和尚为此很苦恼。有一天早晨，老和尚来到院子里，发现太阳已经升得老高，但是小和尚还在扫地。老和尚问：“你今天睡过头了吗？”小和尚摇摇头，说：“师父，我天刚刚亮就起床，已经把院子扫了三遍了，但是怎么也扫不干净。今天风大，我才刚刚扫过，新的落叶又开始飘落，我就继续扫。”师父忍不住笑起来：“你准备这样扫到什么时候呢？”小和尚哭笑不得，说：“我准备扫到没有落叶为止。”师父点化小和尚：“树叶是不可能一天就掉光的。你只需要把昨天积累的落叶扫完就行，你现在扫的落叶是应该明天才扫的啊！”小和尚说：“要不我使劲摇晃树干，让树叶今天都掉光吧！”老和尚说：“树叶还没有到飘落的时候，你不能扰乱生长的规律。你今天就算扫十遍，明天也依然会有落叶！”小和尚颓然地扔掉扫帚，累得气喘吁吁。

老和尚说得很对，在今天，不管小和尚怎么清扫落叶，落叶也是不会掉光的，更是不能扫完的。人生中的烦恼就像这落叶一样，不可能在一个时间段里就全都清扫完。随着光阴的流逝，岁月的变迁，总是会有新的烦恼出现。哪怕我们今天已经竭尽所能地把所有可以解决的烦恼都解决掉了，新的烦恼也依然会出现。在这种情况下，我们只要提升自己的实力，强大自己的内心，然后等到新的烦恼出现的时候兵来将挡、水来土掩即可。

人，一定要活在当下，正念思想告诉我们要把所有的精神和注意力都集中在当下的生活中，这就是对活在当下最好的诠释和安排。徒劳地为明日的烦恼而忧愁，甚至因为忧思过重而迷失了本心，影响到身体健康，那么烦恼非但不会有任何减少或者改变，反而会越变越多。当然，这并不意味着我们要今朝有酒今朝醉，为了拥有美好的明天，我们依然要在今天做好准备，这样才能在明日获得更好的成长和发展，收获充实与美好。

掌握消除焦虑的步骤

前文说过，焦虑是人生之中的一种正常的负面情绪，也是绝大多数人在生命历程中都会产生的情绪。即便如此，如果长时间地沉浸在焦虑情绪之中无法自拔，也会影响心理健康，甚至危及身体健康。在这种情况下，我们不但要坚持正念思想，而且要掌握消除焦虑的步骤，这样才能有效防止焦虑产生，才可以在焦虑已经产生的情况下有效地消除焦虑，让焦虑无影无形。

很多普通人都因为生活中各种各样的小事情而焦虑和忧愁，为此他们产生了一种误解，即觉得那些有权有势有钱的人一定没有任何烦恼。事实证明，有权有势有钱的人也许不会因为缺钱或者办不成事情而烦恼和忧愁，但是他们依然会感到焦虑，这是因为每个人都有自己的忧愁焦虑，也都有自己不为人知的烦恼。

我们会把明星的生活想象得光鲜亮丽，而如果你有机会近距离接触明星，你会发现明星也要吃喝拉撒，也会有各种使他们紧张和无奈的事情发生。例如，有些歌星在开演唱会之前，甚至因为紧张而忘记歌词，为此他们不得不把歌词写在手掌心，或采取各种方式避免忘词的尴尬情况发生。如果不是明星这样爆料自己的紧张和焦虑，我们一定想不到已经习惯了在聚光灯下纵情歌唱的大歌星居然会面临忘词的困境，而且会在开演唱会之前这么紧张和焦虑。不仅明星如此，大人物也同样如此。丘吉尔作为英国前首相，同时也是伟大的演讲家。他在演讲之前，也会感到很焦虑，为此也要为演讲进行准备。看到这里，你一定觉得心中释然：这些大人物、大歌星都是如此，更何况是我们这些小人物呢？既然如此，我们就不要再为自己的焦虑而烦恼，而是想办法战胜和消除焦虑吧！

你没有必要再为焦虑而焦虑，在每个人的人生中，焦虑都是合理的存在，为此我们也可以心平气和地对抗焦虑，而不要再因为焦虑而导致自己内心失去平静的状态。具体而言，要想消除焦虑，我们就要做到以下几个步骤。

第一步，心平气和地、理智地分析导致焦虑产生的根源是什么。所谓解铃还须系铃人，如果我们压根不知道自己为何感到焦虑，那么我们就无法找到焦虑的根源，也就无法从根本上解决问题。有的时候，对于预想到的结果感到担忧，也是焦虑的原因之一。对此，我们需要做到能够接受最糟糕的结果出现，并为了应对最糟糕的结果而做好预案，而后，便是朝着最好的结果去努力。这是有的放矢，也是做好完全的准备。

第二步，不管将会出现怎样的结果，一旦我们真正做出选择，就要做好勇敢承担最坏结果的准备，也要做好负起所有责任的准备。每一件事情都有两种可能结果出现：一种是成功，另一种是失败。而且，成功与失败各占百分之五十的可能。所以我们要端正心态，既能够接受成功，也能够接受失败，这样我们才能在成长的过程中不断地努力进取，才能够真正让自己的内心变得强大而又成熟，成为真正的人生强者。

第三步，进行正念冥想，把自己的心放空，让自己的内心充满积极平静的想法，这样才能做到向死而生，在做好一切最糟糕的打算之后，朝着最好的结果去努力奋斗和争取。实际上，随着我们身心能量的增强，随着事情不断地向前推进，事情也许会向好的方面发展，最坏的结果未必会出现，我们反而很有可能得到好的结果，迎来好的契机。与其把自己囚禁起来无所作为，不如有的放矢地面对人生，哪怕在失败之中汲取经验和教训，也比无所作为、故步自封来得更好。

从本质上而言，焦虑是一种莫名其妙的担忧，这种担忧常常带有说不清、道不明的性质和特点，也常常让我们觉得无计可施。如果我们能够把这种担忧向身边亲近的人倾诉，或者将其写在日记里，甚至是写在一张临时找来的白纸上，那么我们就相当于对焦虑进行了输出，也相当于对焦虑进行了整理和肃清。也许等到短暂的时间过去，我们的心态就会发生改变，就会觉得这些使人忧愁不安的事情实际上也没有什么大不了的，或者于无意间找到了解决问题的关键节点，使得很多问题都能够迎刃而解。总而言之，面对忧愁和焦虑我们必须非常强大，才能如愿以偿地解决问题。只要我们的内心因为这样的过程而变得笃定，只要我们掌握消除焦虑的步骤，并坚定地执行，那么忧愁和焦虑也就不复存在。

行为也会影响人的情绪

曾经，大多数心理学家都认可情绪会对人的言行举止产生影响力，而没有意识到行为的改变也会影响人的情绪。直到有一位心理学家提出先改变行为，再改变情绪，并且对此进行了验证，这才向世人揭示了强颜欢笑也是有很大影响作用的。从此之后，更多的人意识到在心情不好的时候，不如对着镜子里的自己笑一笑；或者在心情郁郁寡欢的时候，假装与身边的人高兴地交谈，则渐渐地就会真的高兴起来。这简直太神奇了，不是么？如果你第一次听到这样的理论，那么不妨马上将其付诸实践，相信你一定会有惊喜的发现。

现实生活中，你是否常常会为了一些不值一提的小事情陷入犹豫不定、迟疑不安的状态中？你是否常常会被失眠困扰，越是黑暗浓重，你就越是瞪大眼睛毫无睡意？你是否因为一些没有做好的事情而感到焦虑，虽然焦虑的感觉不是那么强烈，但是你却无法迈过心里那道坎，因而在被动不安的状态中开始质疑自己，也因为内心沉重而觉得自己的心情阴郁得如同夏日狂热之后暴风雨即将来临时低沉的天气，充满了浓郁的水汽，甚至如同刚刚从水里拎出来的衣服一样滴滴答答个没完没了呢？这样的你是不会感到轻松快乐的，你甚至懒得去逛街给自己买衣服，也懒得给自己精心挑选一只口红。你不知道应该何去何从，你就这样迷惘着，且懒于展开任何行动。

这个时候，你即使进行正念冥想也没有太好的效果，甚至会因此而变得更加迷惘和无奈。在这种情况下，何不当机立断做一件让自己感到高兴的事情，并且用正念式态度去做，把自己的所有注意力都集中到这件伟大的、了不起的事情上呢？之所以说这件事情伟大且了不起，不是因为这件事情本身有多么宏伟壮大，而是因为你将会由于这件事情而改善自己的心情，从抑郁到小确幸，从阴云密布到透进阳光。

作为一个内向自卑的女孩，艾米从来不敢在课堂上回答问题，更不敢当众说话或者演讲。但是，她的梦想偏偏是成为一个主持人，为此，她不得不改变，不得不逼着自己当众说话。为此，她还脑门一热，报名参加了学校里的演讲比赛。从一个从来不回答问题的女孩，到当着全校师生的面进行演讲，艾米当然知道自己面临着怎样的考验。为此，她刚报完名就后悔了，但是没有回头路可走，她也不能撤销报名，于是，她决定开始行动。

此后，艾米每天都坚持对着镜子里的自己大声地说话。

一开始，即使面对镜子里的自己，她也觉得很不好意思，渐渐地，她越来越大方，在课堂上也开始回答问题。有的时候家里来了亲戚朋友，她还会当着亲戚朋友们的面演讲，要求他们给自己提出宝贵的意见。就这样，艾米的演讲水平越来越高，她甚至从排斥演讲到爱上演讲的感觉，而且她不再那么焦虑不安了。后来，艾米在演讲比赛中虽然没有获得名次，但是却战胜了自己，变成了一个落落大方的女孩。

当焦虑如同潮水一般涌来时，我们与其一味地沉思，还不如调整好自己的状态，以最佳状态真正展开行动，这样我们很有可能没有时间焦虑，也很有可能在切实去做的过程中让事情有好的转机，从而获得更多更好的契机。

行动力是非常强大的力量，可以帮助我们从焦虑之中摆脱出来，化解焦虑，也往往能帮助我们轻松地做好该做的事情。很多人都是因为焦虑情绪而陷入糟糕的状态，为此，我们一定要及时消除焦虑，避免焦虑成为人生道路上的绊脚石。也许焦虑情绪不会马上导致我们受到切实的伤害或者被阻碍，但是当焦虑情绪不断积累，就会产生质的改变，也会产生极大的破坏力。你，准备好远离焦虑了吗？

第6章

克服抑郁——利用正念改变情绪间的关联

近些年来，因为抑郁而自杀的人很多，既有成年人，也有孩子，既有男人，也有女人，既有职场人士，也有赋闲在家的全职主妇，甚至有刚刚生了孩子的妈妈抱着孩子一起跳楼。不得不说，抑郁症已经成为困扰很多人的严重心理疾病，为了克服抑郁，我们一定要坚持正念，并利用正念改变情绪之间的关联，从而帮助自身改善抑郁症的症状，也找回良好的情绪。

正念可以战胜抑郁情绪

如今，焦虑症和抑郁症，已经成为侵害人们心理健康的首要情绪因素。世界健康组织曾经报道，抑郁症不但导致人郁郁寡欢，而且还使人们的身体健康受到侵害。而在现代社会，随着生活节奏的加快，生存压力的增大，越来越多的人患上严重的抑郁症，甚至因此而做出伤害自身健康的事情。很多时候，抑郁症的侵袭是让人无知无觉的，常常是在造成严重的后果之后，才能引起人们的警惕心理。然而，此时往往为时晚矣。为此，我们一定要经常坚持正念，这样才能战胜抑郁情绪。如果抑郁症的表现非常严重，我们还要在医生的指导下吃一些药物，这样才能在药物辅助下战胜抑郁。

利用正念战胜抑郁，首先要了解自己的抑郁因何而起，也要验证抑郁对于正念影响的反馈如何。很多人的亲身实践证明，周期性抑郁在进行正念冥想之后，会得到很好的改善。尽管有很多抑郁症患者通过吃药进行治疗，然而有一些抗抑郁的药物本身就有可能引起自杀倾向，为此进行正念冥想可能比吃药效果更好。从某种意义上来说，正念冥想甚至是世界范围内控制和缓解抑郁的最有效方法之一。那么，为何冥想对战胜抑郁情绪的效果这么显著呢？这就要从抑郁的诱发因素和情绪机制入手进行分析。

首先，抑郁情绪不同于悲伤情绪。从人的心理构成和情绪反应来看，悲伤情绪是自然而然产生的健康情绪，在人生的过程中，每个人都有可能产生悲伤的情绪，当遇到不开心的事情时，当对某件事情的发展感到失望的时候，我们都会感到悲伤，甚至会因此而落下泪来。在一定的时间内，悲伤情绪会蔓延，甚至对于我们的言行举止都产生影响，但是悲伤情绪并不会一直持续下去，在新的诱发因素出现之前，悲伤情绪也不会反复发作。所以悲伤情绪归根结底是一闪而过的情绪，哪怕会持续一段时间，每个人受伤的心灵也终究会在时间的流逝过程中恢复健康和正常，因而悲伤给我们带来的心理影响和情绪伤害都是可控的。和悲伤情绪相比，抑郁情绪对人的影响更大，而且每当人陷入消极的负面情绪之中时，抑郁就会如同噩梦一样纠缠着人，挥之不散，反复发作。即使没有诱因，抑郁情绪也总是反复发生，不会有所好转。不得不说，抑郁情绪对人的影响是长久且深远的，最为糟糕的是，时至今日，抑郁症依然得不到应有的重视，这是导致很多人在抑郁情绪之中越陷越深、无法自拔的根本原因。

抑郁症是一种很严重的心理疾病，有心理学家提出，如果一个人持续两周情绪低落，就可判断为患上了抑郁症，而且需要马上寻求专业的心理医生进行治疗。具体而言，抑郁症患者总是情绪低落，感到非常自卑，而且面临着一定的睡眠障碍。对于生活中的很多事情，他们压根提不起兴趣，而且注意力分散，或者暴饮暴食，或者根本没有进食的欲望，而且表现出疲惫无力的状态。总而言之，他们整个人都变得很不一样，这使得他们陷入沮丧绝望之中无法自拔，也使得他们整个人都变得恹恹欲睡。

其次，要知道抑郁症为何会反复发作。前文就曾说过，抑郁的情绪和悲伤是不同的，悲伤有可能一闪而过，而抑郁却有可能在没有诱因的情况下反复发作，从而使人陷入情绪周期之中无法自拔。抑郁情绪为何会周而复始，如同一个挥之不去的噩梦呢？主要是因为两个因素在发生作用：第一个因素，抑郁情绪类似于牛反刍，会像牛把吃进肚子里的草料进行再次咀嚼一样，有抑郁情绪的人也会反复地探究引起抑郁的各种问题，他们的本心是为了改善情绪状态，但是实际的作用和效果恰恰相反，他们反而更容易进入一种负面的情绪状态之中无法自拔，甚至会不断地进行自我批评、自我批判。尤其是在不断的探究中越来越接近真相之后，他们一旦发现事情的真相背离了他们的思考和预期，便会感到更加深刻的失望和绝望，为此情绪更加糟糕，也导致抑郁更加严重。第二个因素，陷入抑郁情绪之中的人总是本能地与抑郁情绪对抗，想要消除抑郁情绪，却不知道越是有意识地逃避，越是会导致抑郁情绪对他们的困扰更加强大；越是想要彻底逃离，抑郁情绪反而对他们越是如影随形。这是因为在逃避抑郁情绪的过程中，他们的消极体验会更加强烈，它们最终与他们的身体感知相结合，使得他们总是意识到抑郁情绪的存在，反而对抑郁情绪的体验更加强烈。这样一来，他们就会进入抑郁情绪的恶性循环之中，无法自拔。

正是基于以上这两个原因，我们才会深陷抑郁情绪的泥沼之中无法自拔，才会更加受到抑郁情绪的困扰，使得抑郁情绪对我们的危害更大。为了避免抑郁情绪继续损害我们的情绪健康，我们要利用正念改变情绪之间的关联，从而有效缓解抑郁情绪反复发作的情况，也可有的放矢地避免抑郁情绪愈演愈烈。从心理学的角度而言，抑郁情绪之所以挥之不去，就是因为人们始终都在积极地想要避开抑郁情绪。坚持正念，则让我们可以采取更好的态度面对抑郁情绪，不是排斥、抗拒、迫不及待地想要避开抑郁情绪，而是怀着宽容的心态，积极地包容、接纳、友善对待抑郁情绪。我们会发现采取正面面对的态度接纳抑郁情绪，一切事情就会朝着更好的方向发展，并且给我们带来积极的体验。在此基础上，我们还可以确定自己的身体上到底哪个部位感到不舒适，也可以反思自己到底是对人生的哪个方面不满意，从而对这些身体感受和情绪感受都采取接纳的态度，理性从容地面对，进而做到心平气和，不再以排除和抗拒来加重这些感受。由此一来，我们就会得到内心的平和与笃定，对于情绪的感受也会更好。当然，缓解和消除抑郁情绪并非那么简单容易的事情，我们最重要的就是接近抑郁情绪，而不要再和以前一样逃避抑郁情绪。人与人之间的关系总是相互的，人与情绪之间的关系也是如此。若我们接纳抑郁情绪，我们就可以与抑郁情绪和平共处，自然也就能与抑郁情绪化敌为友，最终缓解和驱散抑郁情绪。

人生不如意十之八九

人生之中，不可能永远都是愉快的经历，而是有更多的可能遭遇各种不如意，正如人们常说的，人生不如意十之八九，这也就告诉我们不如意是人生的常态，是不可逃避和避免的。既然如此，我们就要坦然接受人生的不如意，也要有的放矢地面对人生的各种艰难处境。唯有如此，我们才能坦然面对人生，才能心平气和地接受命运的一切赐予。然而，偏偏有很多人对于人生的任何不如意都会产生强烈的反应，无法做到坦然相对。在这种消极情绪的影响下，他们或者抱怨，或者内心愤愤不平。

对于人生的一切经历，以是否愉快进行划分，可以将其分为三大类：第一类是使人感到心情愉悦的经历。当然，人人都希望人生中充满了这样的经历，可惜并不能如愿以偿。第二类是使人感到不愉快的经历。不愉快的经历的范畴很广泛，让人觉得烦恼、无助、彷徨、焦虑紧张的经历，都属于不愉快的经历的范畴。第三类介于愉快和不愉快之间，也就是不会引起人的感情起伏的经历，这样的经历没有任何的色彩，是生活中普通而又寻常的事情，谈不上好，也谈不上不好，就像吃一餐家常饭菜，没有让人惊艳的感觉，也不会让人排斥和抗拒。第三类经历在人生之中占据最大的比例，而愉快的经历和不愉快的经历相比，前者往往少于后者。在对人生中的各种经历进行划分之后，接下来我们就要讨论如何面对这些经历。

很多对于人生抱怨不休的人之所以陷入抑郁情绪之中，就是因为他们只有在愉快的经历之下才会感到愉悦，而不管是不愉快的经历还是普通寻常的经历，都会让他们感到不满足。可想而知，他们的人生中大多数的经历都是普通寻常的，为此他们总是不满足的。对于人生，一定要坚持正念，这样在面对寻常经历的时候，可以怀着欣喜的心情接纳；在面对愉悦经历的时候，会更加满心喜悦。即使在面对不愉悦的经历时，也可以激励自己怀着正面的思想接纳，从而勇敢无畏地战胜困境。

为了增强对于自身情绪的感知，我们可以坚持以日记的方式记录下自己对于每一件事情的感受，将其分解为“经历”“想法”“感受”“感知”四个部分进行详细记载，这样一来，不管是使我们愉快的事情还是让我们不愉快的经历，都可以被细致划分。在把各种感受写下来的过程中，我们也是在面对和接纳这些感受，并且解读这些感受。这样一来，我们对于感受的接纳能力会更强，渐渐地，我们也会变得更加情绪平静，更加可以接纳这些负面的情绪感受，而不至于因此陷入被动的状态之中。总而言之，每个人在人生之中都会遭遇各种各样的经历，与其因为这些经历而迷失自己，不如正面面对这些经历，有的放矢地面对人生。坚持正念，可以帮助我们让心胸更为博大，也可以让我们更加理性、更从容。要知道，一切的发生都是合理的，也都是人生中必然的存在，我们唯有理性面对人生，坦然接纳人生，才能真正主宰自己的人生。

成为思维的主宰者和驾驭者

人很容易陷入自发性思维中，尤其是当此前已经形成了思维习惯的时候，人们更容易陷入自发性思维中，导致自己情不自禁地就进入思维的怪圈无法自拔，也使得人们在思维的驱使下被动地向前，根本无法主宰思维。

每个人都要成为思维的主宰者和驾驭者，这样才能控制思维，引导思维朝着好的方向去发展。为了达到这个目的，我们要坚持正念，这样才能形成良好的思维习惯，才能驾驭思维。当然，控制思维的难度是很大的，尤其是自发性思维会自动产生，为此我们需要长久的时间去形成积极的思维习惯。

为了避免消极的自发思维，我们首先要知道人会有哪些常见的自发思维，从而积极地去避免。具体而言，人们很容易陷入以下的自发思维中：我觉得整个世界糟糕透顶，每个人都不喜欢我；我觉得我很差劲，比不上任何人，也根本不会获得成功；我觉得我无法坚持下去，因为我没有那么强大的能量和力量；我对现在的生活一点儿都不满意，我希望我可以更加优秀和出类拔萃；我对自己很失望，生活似乎从来不能让我如意；我没有勇气重新开始，所有的事情都不对，总是在与我较劲；我希望这一切从来没有发生过，我为何要这么招人讨厌呢，连我自己都很讨厌自己；我恨不得马上从这个世界上消失，我是个不折不扣的失败者……这些想法总是让我们陷入消极的抑郁情绪中无法自拔，所有的想法都充斥着对于自己的否定和不满意，甚至是对于人生和自我存在的否定和厌恶。不得不说，这样的情绪糟糕极了，常常会让我们陷入被动，也会让我们面对人生感到非常无奈，内心沮丧无力。当这些想法不可避免地产生时，我们总是觉得这些想法是真的，也会对这些想法感到很无助，更无力改变。而实际上，这些想法都是抑郁情绪导致的，是抑郁情绪让我们无法客观公正地认知和评价自己，也让我们对于自身的存在产生了否定。它们并不能反映我们的真实状态，也无法给我们的人生带来更多更好的想法。这样的抑郁状态，常常会让我们内心焦虑不安，甚至无法保持片刻的安宁。

从心理学的角度而言，抑郁只是我们生活的状态之一，不应该对于我们的内心产生如此强大的影响。当我们可以接纳抑郁的存在，我们就可以避免因为抑郁的负面影响而对自己的人生产生如此负面的情绪和感受。我们理所当然要战胜抑郁，这样才能最大限度地激发自身的力量，才能在正念状态下更加接纳与认可自己，尤其是要形成积极的思维习惯，这样我们才能摆脱消极和被动，让自己有更加积极的人生状态、更好的成长与未来。

不要总是局限在思维的怪圈中

曾经有个人在海边寻找钻石，他不停地捡起石头，在查看并且确定石头只是普通的石头而不是钻石之后，他就把石头扔到海里。渐渐地，随着这项简单枯燥的工作重复的次数越来越多，他的动作越来越快。最终，他在捡起一块钻石之后，也不假思索地将其扔回到海里。直到钻石在海面上激起浪花，他才意识到自己犯了一个多么严重的错误。然而，这个错误是无法挽回的，海底有那么多石头，而且海浪接连翻滚，他根本不可能找回那块得到又失去的钻石。这就是惯性的力量。

前文说过，人有自发性思维，自发性思维除了与人的脾气秉性密切相关之外，也与人的惯性思维密切相关。日久天长，人们总是习惯性思考，因循守旧地解决问题，而无法摆脱思维的怪圈，更无法突破思维的禁锢，让自己有所创新和发展。实际上，这对于人生而言是非常糟糕的状态。在生命的历程中，我们所经历的每一件事情都在不停地发生变化，包括我们自身也是每时每刻都处于变化之中。为此，我们的思维一定不能因循守旧，不能始终停留在原处，而是要不断地改变，与时俱进。尤其是在思考问题的时候，如果从一个角度思考进入了怪圈，那么我们就要调整思路，换一个角度来思考，这样才能找到解决问题的办法，才能让自己拥有更多的出路。

所谓换一个角度思考问题，就是采取其他的方法去判断此时此刻我们正在经历的事情或者遭遇的困境。在正念冥想之中，我们最终会意识到，一个人如何面对自己的遭遇，实际上取决于自身的感受，而并非固有的经验。为此，我们要摆脱经验的束缚和禁锢，这样才能采取发散思维的方式，让自己突破现状，进入更为广阔的思维天地。对于这样的理念，也许有的朋友无法理解，而实际上只要把自己在两种截然不同的境遇下所产生的不同感受进行对比，就会豁然开朗。

作为一名学生，你刚刚被老师批评，还与同桌之间发生了矛盾，可想而知你的感觉糟糕透了，你甚至恨不得马上离开学校。如果情况截然不同呢？你刚刚得到老师的表扬，且你的同桌赠送了一个礼物给你。在这种情况下，你觉得看到的每一个人都是那么可爱，而学校简直成为你梦想中的天堂。这就是因为你对不同状况产生了不同的理解，为此你的感受和由此而产生的想法也就是截然不同的。弄清楚自己的想法和感受从何而来，你对于自己的想法就不会那么消极，也不会那么悲观。接下来。你需要做的就是进行正念冥想，专注于自己的想法和感受，从而接纳自己对于不同情况的理解。在这样的状态下，你最终意识到你的想法和感受都是暂时的，你的想法是针对特定事实的想法，你的感受在事情有了明显的改变之后就会马上改变。但是，它们都取决于你的心理状态，而不是事实本身，也不会令你的人生产生实质性的改变。为此，你要想办法换一个角度思考问题，你会发现思考的角度一旦改变，你的很多想法和感受都会随之改变。

当然，换一个角度并不那么简单，因为固有的想法总是会影响你。为此，你要进行正念冥想，专注于当下，从而把自己从困难的想法中摆脱出来，让自己有更好的理解，对于人生也怀着积极的态度。超然于事外，无疑是一个很好的选择。你可以问问自己，是否混淆了事实与想法，是否真的怀着理性的态度从事情的正反两个方面进行理性的权衡和分析，是否沉浸于消极的想法而忽略了积极的想法，是否因为过度在意他人的看法和评价而忽略了自己的想法，是否因为过度追求完美而对自己和他人都过于苛求……进行这一系列的自我提问和反思，我们才能帮助自己摆脱那些负面的想法，从而更加理性认真地认知自己，让自己有更加深入的理性思考，让自己能够怀着积极的态度面对人生，有更加全面而又理智的人生态度，这很重要。

只有打破思维的怪圈，能够换一个角度进行思考，让自己更加深入和全面地考虑问题，我们才能坚持正念，在正念冥想中获益更多。如果不能战胜自己，不能突破和超越自己，我们就总是会陷入思维怪圈之中，也常常会被自己的内心禁锢住，乃至陷入负面情绪之中无法自拔。人生中的很多事情都是相辅相成的，无法孤立地看待，只有把各种因素综合起来考虑和衡量，才会赢得更好的出路。

理性思考，果决行动

当陷入抑郁情绪的时候，不要一味地沉浸在思想的活动之中，而是要在理性思考之后，当机立断展开行动。有的时候，一味地思考只会让我们更加陷入思维的怪圈之中无法自拔，而悬而未决的状态对于我们而言也是一种非常糟糕的情绪体验。在展开行动之前全面思考当然是有必要的，更重要的在于，我们要在全面思考之后打定主意，当机立断去做，而不要总是犹豫不定、迟疑不决，否则就会导致自己心神不宁，也会因为思虑过多而延误行动的时机。

有人说时间是治愈一切的良药，其实时间对治愈抑郁并没有良好的效果。面对抑郁情绪，我们很容易陷入沮丧的状态之中，心情感到非常低落，思想也总是消极绝望，此外，不但身体不适会引起抑郁情绪，而且抑郁情绪也会让我们的身体感到很不舒服，尤其是在现代生活中，诸如压力等负面情绪，都会导致我们被抑郁困扰。在这种情况下，先让自己进行短暂的正念冥想，平复心情，接下来就是当机立断地去做，这样才能在行动的过程中让心安定下来，才能在不断推动事情向前发展的过程中让自己有更好的表现和行动力，说不定还会获得新的契机解决问题呢！

首先，可以进行气息调匀。让呼吸从短浅，到舒缓悠长，在缓慢地吐气和吸气的过程中，你会感到自己胸腔里污浊的空气也被吐纳一新。其次，要专注于你的身体，感受你的思想。最后，要找一件能够让自己集中精神且获得成就感的事情去做。这件事情可以很大，且带有一定的难度，但是如果你急需获得自信来安抚自己的心，那么也可以选择一件比较小却能让你感到愉快、获得成就感的事情去做，这可以帮助你恢复内心的平静，也可以让你的心灵深处有更加宁静祥和的感觉。例如，听一段音乐，看一本喜欢的书，或者做一餐美食，甚至是和朋友进行一场羽毛球PK赛。当身体非常放松的时候，你的心情和精神也会放松，为此你会感到心情愉悦，也会觉得自己的内心变得无比充实。

当然，现实社会生存的压力很大，我们几乎每天都会经历各种各样的事情。为此，当心情发出警报的时候，当觉得自己有可能面临预警的时候，我们就要放松心情，做好预防措施。凡事都应该未雨绸缪，才会取得最好的效果，对于抑郁情绪也是如此。如今，抑郁之所以如此普遍，而且引发的后果越来越严重，就是因为很多人觉得抑郁不是病，对于抑郁情绪的出现也没有表现出足够的警惕。当抑郁情绪如同小草一样萌发的时候，我们就要赶紧将其扼杀在萌芽状态，这样战胜情绪的可能性更大，也可以避免情绪陷入极度恶劣的循环状态。

具体而言，首先，我们要捕捉抑郁情绪发出的预警信息。例如我们突然间会无缘无故感到沮丧，对什么事情都提不起精神来，甚至作为女性都不愿意为自己购买新衣服，或者和闺密一起逛街喝茶。这样的行为表现，说明抑郁情绪已经来敲门，我们可以自己多多留意，如果担心自己对于情绪的萌芽不够敏感，也可以让身边亲近的人代替我们留意这些异常现象。其次，在有了一些蛛丝马迹之后，我们应立即制订切实可行的行动计划。或者去挥汗如雨地运动，或者去做瑜伽，或者进行正念冥想，或者去看一场喜欢的电影或演出让自己放松，喜欢文字书写的朋友也可以写随笔或者写日记，甚至看一本早就想看的书，这些都是很好的缓解心情的方式。在这种情况下，切勿因为放纵心情就放纵自己暴饮暴食，也不要以工作的方式透支自己，企图让自己没有时间胡思乱想。这些方式只会给自己造成更大的压力，只会导致我们陷入更加糟糕的人生状态，对于解决问题是没有任何好处的。

面对抑郁情绪，一定不要让自己始终沉浸在糟糕的情绪之中无法自拔，动起来，一则可以转移注意力，二则可以以正念式运动帮助我们缓解负面情绪，从而进入更加积极向上的人生状态。更重要的是，要形成积极的心态面对人生，在郁郁寡欢的时候，一定要接纳情绪的存在，再以与情绪友好相处的方式，积极地调整情绪。通常情况下，容易被情绪困扰的人，都是那些敏感多思的人。与其被情绪裹挟，不如友好与情绪相处，这样才能让自己更多地感受快乐与幸福，收获圆满的人生。

第7章

心理暗示——正念暗示拥有神奇的效力

心理学家经过研究发现，大多数人的先天条件相差无几，之所以有的人能够获得成功，有的人总是与失败结缘，是因为他们在后天成长和发展的过程中对于人生的态度不同。而对人生的态度，则很大程度上取决于每个人的自我暗示。自我暗示拥有强大的力量和神奇的效果，可以帮助人们从心理与意识上产生改变，为此自我暗示在人生之中起到不可取代也不容忽视的重要作用。当我们可以做到消除消极的心理暗示，进行积极的心理暗示时，我们就会拥有充实精彩的人生。

拥有乐观的心态

很久以前，有个老太太每天都愁眉苦脸地坐在家门前。老太太的儿女经常来看望她，给她带来吃的用的，为何她总是这样郁郁寡欢呢？在一个阳光晴朗的日子里，邻居出门的时候又看到老太太郁郁寡欢地坐在门口，忍不住问道："老人家，您为何不开心呢？"老太太回答："这个天气太阳太好了！"邻居更奇怪了："太阳好，您正好可以晒晒太阳啊！"老太太忧愁地说："我的儿子是卖雨具的，在这样太阳高照的日子里，雨具根本卖不出，这可怎么办呀！"邻居恍然大悟，原来，老太太是在为儿子的生意担忧，真是可怜天下父母心啊！

没过几天，梅雨季节到来，整天阴雨不断。邻居想：老太太这下子一定很开心，她的儿子可有生意做了。没想到，邻居出门的时候发现，老太太坐在屋檐下，居然开始掉眼泪。邻居关切地问："老人家，天下雨了，您儿子生意一定很好。您是有什么不开心的事情吗？为什么这么伤心呢？"老太太对邻居说："我的小姑娘是当导游的，每天都在景点转来转去，为前来旅游的人讲解景点。接连下了这几天的雨，没有人来旅游，她都留在家里分文无收呢！”邻居看着老太太伤心的样子，突然想到一个好主意，对老太太说：“老人家，您总是这么忧愁担心可不行，您应该换一个想法。您想啊，您的儿子女儿做的都是好生意呢！晴朗的天气里，您的女儿可以当导游赚钱；阴雨的日子里，您的儿子又可以卖雨具赚钱。您家里真是不管晴天雨天都有钱赚，这多好啊！”在邻居的一番开导下，老太太高兴起来：“你说得很对啊，我家什么时候都有钱赚！”说着，老太太居然破涕为笑。

在这个事例中，老太太之所以愁眉苦脸，就是因为她的心态不够乐观，所以她不管是晴天还是雨天都非常忧愁。而邻居对于老太太进行了正念式引导，让老太太转换了思路，结果老太太马上豁然开朗，再也不因为孩子们的生计问题而烦恼了。

现实生活中，很多人都会无形中陷入悲观思想的误区，考虑问题的时候总是从消极悲观的角度出发，而不能从积极乐观的角度出发。为此，他们常常觉得很无助，也因为一些原本不值得担忧的小事情而陷入忧愁和焦虑之中。我们一定要形成正向积极的思维模式，这样才能在面对很多事情的时候始终都积极主动，努力地解决问题。否则，一旦形成消极的思维模式，人就会陷入无端的忧思之中无法自拔。积极的自我暗示总是能够产生积极的作用，激励人们不断地战胜悲观情绪，努力上进。而消极的自我暗示则恰恰相反，常常使人陷入被动和消极的状态无法自拔，也导致人们面对困难的时候形成畏缩胆怯的坏习惯。

正如一位名人所说的，如果不能改变世界，那么就改变自己。我们一定要坚持正念，给予自己积极的心理暗示，从而保持好心情，变得更加乐观向上。即使面对生活的坎坷逆境，我们也依然要勇往直前，绝不畏惧和退缩。毕竟人生不如意十之八九，既然逃避不能解决问题，那么只有勇敢面对，我们才能真正超越困境，成就自我，塑造强大的人生。

要发挥善言善语的力量

在这个文明的时代里，很多人对于他人都能做到心存善念，但是在语言表达方面，又总是忍不住恶言恶语。尤其是在对他人感到不满的时候，人们更是会口不择言，毫无顾忌地用各种负面的语言来打击他人。这样的语言习惯一旦养成，他们甚至面对自己时也会说出很多无所顾忌的话。在人际交往的过程中，尊重、理解与真诚是基础，而沟通则是最主要的方式。因此，生活中，不管是对他人还是对自己，一定要善于发挥善言善语的力量。就像心理暗示一样，恶言恶语也会对我们自身起到暗示的作用，为此我们哪怕对于自己也要谨言慎行，这样才能给予自己积极向上的力量，让自己有更好的表现。

很多人对此感到不理解：话不都是对别人说的吗？为何要对自己说话呢？或者，对于自己说话还需要拣好听的说吗？当然，对自己说话，有的时候是无声的，就像心理活动和思维呈现；有的时候是有声的，就像自言自语。不管以怎样的方式对自己说话，我们都要善于运用语言的魔力，积极地用语言来激励自己。如果一个人总是对自己说那些否定的话，总是传递给自己消极的信息，那么，他就会渐渐地形成思维定式，常常在张口说话的时候就否定自己、批判自己。结果可想而知，在这样的状态下，他一定会产生深深的挫败感，也会为此而导致自己陷入各种被动的局面之中无法自拔。不得不说，这样的结果是很可怕的。为此我们要坚持正念，要坚持认可和赞赏自己，以积极的方式对自己说话。唯有如此，我们才能更加理性地面对自己，客观评价自己，才能激发起自己的信心和动力，让自己有更长足的成长和进步。

有一次，有一个老年旅游团去日本旅游。在日本的伊豆半岛上，汽车快速行驶，因为路面坑坑洼洼，所以很多游客都有意见，有两个游客忍不住抱怨："怎么回事啊，这个道路就像是一个人的脸上长满了麻子，简直都快把我颠簸得呕吐了。"听到这样的抱怨，其他游客也马上怨声连连，一时之间车厢里的游客们都开始吐槽，对于这次旅游的满意度也瞬间降低。这个时候，机智的导游笑着说："游客朋友们，这里可是日本大名鼎鼎的酒窝大道，也是伊豆半岛最为出名的一个景点之一。想想吧，我们现在正在酒窝上行驶，而这条美丽的道路也正在绽放笑容迎接我们。你们看看窗外，有着遍地的鲜花，而且远处还能看到湛蓝的天空，岂不是非常美妙吗？”听到导游这样的说法，游客们马上调整心情，变得高兴起来。

在这个事例中，我们可以看到语言的魅力，也可以见识到语言一旦发生改变，进行美化，对于人的心情就会起到很明显的影响作用。当然，语言的魅力并不仅仅作用于别人，也会作用于我们自身。在与自己沟通的时候，我们同样可以采取积极的方式调整思路，改变表达方式，并用优美的语言对自己的表达进行美化。这样一来，我们自然可以更好地发挥语言的神奇作用，也对语言的魅力进行深入的挖掘。

在现实生活中，不管和谁说话，我们都要心怀善念，都要尽量让语言变得生动柔和。俗话说，“良言一句三冬暖，恶语伤人六月寒”。语言虽然不是武器，但是它的效果却堪比武器。语言虽然不是利剑，却可以在极端恶劣的情况下一下子刺伤人的心灵。为此，我们一定要慎重，而不要总是肆无忌惮，肆意用语言来伤害自己，也伤害他人。语言还有一个特性，那就是说出去的话如同泼出去的水，一旦把语言说出去，是根本不可能收回的，为此不要觉得在说出恶言恶语之后再好言好语地补偿就能收到积极的效果，只有管好自己的嘴巴，不该说的话不说，我们才能在发挥语言魅力的时候有更加强大的力量。

现实生活中，为了保护身边的人，我们还很善于说善意的谎言。其实，对于自己，也未必需要每时每刻都那么真实且残酷。何不理性友好地面对自己，并毫不吝啬地慷慨鼓励自己呢？有些人误以为自己对自己的鼓励往往不起什么作用，其实不然，当你真心诚意地鼓励自己，当你有的放矢地给予自己信心和勇气，你就会发现自己已然变得不同。最重要的是要坚持。我们习惯了以甜言蜜语与他人相处，为何不给自己说些好听的话呢？对自己不吝啬，绝不仅仅表现在舍得给自己花钱方面，而是能够从各个方面善待自己，并帮助自己更好地成长。

相信积极的自我暗示

小时候学骑自行车时，我们常会害怕自己控制不住车子，而撞到什么。骑着骑着，怕什么偏偏来什么，停不下来不说，还真的会撞到各种东西上。后来长大了，又开始学习开汽车，还记得第一次开汽车时候的紧张吗？因为过度紧张，我们的脑海中甚至一片空白，根本不知道脚底下踩着的是刹车还是油门。实际上，这样的紧张和无助，都是消极的心理暗示导致的。假如我们能够更加相信自己，笃定地做好该做的事情，那么就不会出现最糟糕的情况。

在心理学上，墨菲定律提出，如果一个人特别担心会发生糟糕的事情，那么往往是怕什么来什么，糟糕的事情一定会发生。这是为什么呢？原来，是消极的自我暗示在捣鬼。因为过度担心，我们总是暗示自己不要怎么样，殊不知，大脑在紧张状态下容易忘记不要的否定词，而总是记住否定词之后的话，为此就会导致怕什么来什么。实际上，这样的情况还会在年幼的孩子身上出现。两三岁的孩子往往听不懂父母叮嘱的“不要把饭打翻”，而只会听到“把饭打翻”四个字。结果，他们就会真的把饭打翻。父母不知道孩子的心态和心理特点，为此常常会抱怨和指责孩子，结果导致孩子更加紧张。

要想避免因为心理暗示而受到消极负面的影响，我们就要主动进行积极的自我暗示，而且要以肯定的句式说出来。例如，我们可以说“我一定要成功”，而不要说“我不能失败”。前者会给予我们强大的力量，后者则往往会让我们在无意识之中只记得失败二字。

很多人都知道居里夫人，也知道居里夫人在一生之中两次获得诺贝尔奖。早在小时候，居里夫人和小伙伴在一起玩耍的时候，就曾经被一个吉普赛女巫断言将来一定会在世界上出名。结果，居里夫人真的举世闻名，这与她小时候受到积极的心理暗示不无关系。在英国，前首相撒切尔夫人无人不知，无人不晓，即使是在世界政坛上，撒切尔夫人也被誉为“铁娘子”。实际上，撒切尔夫人小时候就被父亲要求“永远坐前排”。父亲对于她的要求很严格，而且要求她在任何情况下都要争取坐在前排，哪怕是坐公交车。在坚持达到父亲要求的成长过程中，撒切尔夫人渐渐形成了做前排、争先的意识，为此在人生中的很多时候都会努力坐在前排。正是这样的精神，使她在政坛上始终都很强硬，绝不轻易屈服。这就是心理暗示对人的神奇作用和强大影响力。

在现实生活，我们也要坚持积极的心理暗示，在很多情况下都鼓励自己一定要打起精神，奋勇向上，而不要因为小小的坎坷和挫折就轻易放弃。对于每个人来说，只要认定自己能行，就一定能行。若认定自己不行，那么就肯定不行。我们尤其需要充满自信，这样才能每时每刻都对自己进行积极的心理暗示，才能真正地主宰命运，才能满怀信心地面对人生中各种艰难坎坷的境遇。

经常运用积极的自我暗示

前文说过，积极的自我暗示作用强大，但是，若只是偶尔对自己进行一次积极的自我暗示，根本无法收到良好的效果。

我们一定要经常对自己进行积极的自我暗示，且在任何有必要的时候都慷慨地鼓励自己，这样自我暗示才会收到更好的效果、起到更加强大的作用。所谓反复，就是不断地重复，正如人们常说的，一个人做一件好事没什么难的，难的是一辈子都坚持做好事。也有人说，成功就是简单的事情重复做。从这个角度来考虑，我们一定要坚持对自己进行积极的自我暗示，才能让内心变得更加强大，才能在成长和进步的过程中不断地崛起，努力地奋进。

很多朋友都曾经有过背诵课文的经历，尤其是随着年龄不断增长，学习任务也变得更重，为此我们常常需要背诵长篇的课文。在这种情况下，只是读课文一两遍甚至五六遍，并不可能把课文真正背诵下来。要想做到熟记课文，我们就必须反复诵读课文，在对课文有基本的记忆之后，再不断地重复背诵课文。唯有如此，我们才能把课文深刻地印记在心里，才能经得起一次次检验。进行积极的自我心理暗示，何尝不像背诵一篇难度很大的课文呢？我们必须反复进行自我暗示，才能强化自己对于自我暗示的记忆，才能在面对人生中的很多境况时情不自禁地采取积极的思维方式思考问题，从而让自己能够全力以赴地做好该做的事情。

曾经有心理学家提出，积极的自我暗示能否成功，能否取得良好的效果，就在于能否坚持反复练习。一切积极的自我暗示如果疏于练习，效果都一定会大打折扣。为此，我们必须坚持进行积极的自我暗示，必须有的放矢地验证自己正向思考的能力。作为世界上最伟大的销售员，乔·吉拉德在开始从事销售行业的第一天，就让妻子在他的每一件衣服上都绣着1。这是因为他想每时每刻提醒自己“我是最棒的”，正是在这种积极的自我暗示之下，他成功地成为最优秀和出类拔萃的推销员，也获得了了不起的销售业绩。

古往今来，每一个成功的人都有着强大的自信力。哪怕面对人生的艰难坎坷，他们也始终勇往直前，而绝不会轻易放弃。正是因为这样的强大精神，他们才能在人生的道路上不断地踏破荆棘，努力向前，持续地一步一步迈进，最终获得充实的内心和强大的精神。任何时候，人生都不会是一帆风顺且顺心如意的。与其对人生挑剔和苛责，或者逃避，不如运用积极的心理暗示鼓起勇气勇敢面对。人生中固然有很多的风雨，但是只要我们能够坦然面对人生，暗示自己，强大自己，就可以做到兵来将挡，水来土掩，而不会手足无措，内心惶惑。

那么，如何进行积极的自我暗示呢？具体而言，在早晨起床的时候，可以对着镜子里的自己微笑，告诉自己“我是最棒的”。一开始，你可能会觉得这就是个形式，并不能起到实质性的作用，然而随着坚持的时间越来越长，你会发现这个形式很有用，你的心态也在渐渐地改变。此外，每天晚上在入睡之前，也可以进行正念冥想，专心致志地鼓励自己、改变自己。当然，除了早晚进行的积极自我暗示之外，在一天的漫长时间里，如果遇到艰难的处境或者难以解决的问题，也要随时随地为自己打气，这样才能让自己变得更加强大。

古往今来，无数成功者的经历告诉我们，只要在别人都放弃的时候选择坚持，我们就会有更多的收获，也会获得命运的善待。此外，还需要注意的是，不要总是对于人生有过高的奢望，而导致自己无法达到预期就感到沮丧绝望。当以积极的自我暗示反复给自己鼓劲的时候，人生就会进入豁然开朗的局面。进行自我暗示的时候一定不要心急，而要有耐心，更要有毅力坚持下去，才能山重水复疑无路，柳暗花明又一村。人们常说好孩子都是夸出来的，以此提醒父母要不吝啬于夸赞孩子。其实，优秀的人也是被自己夸出来的，在不断进行自我暗示的过程中，他们获得强大的力量，且距离自己理想中的样子越来也近。

不要被消极暗示左右心情

很多年纪大的人特别忌讳那些有着不好的预示含义的话，为此，在与人沟通的过程中不但自己极力避免这样的话，也不允许他人说。很多年轻人都觉得老年人这是在搞封建迷信，实际上，老年人是在以不自觉的状态避免消极的心理暗示。在心理学上，墨菲定律告诉我们很多时候人们越是怕什么就越是会来什么。为此我们在日常生活中，对于那些极力想要避免的事情，也应该减少提起，从而避免对自己形成负面作用和影响。

最近，小叶买了一辆新车，这辆新车可是他花费3年的薪水才购置的呢，为此他兴致勃勃，当即就去上车牌。因为车牌是随机摇号产生的，为此，陪着小叶同去的同事忍不住说："可千万别摇到4。"没想到，车牌号码果然含有4，这让小叶觉得心中很难受，似乎有一道迈不过去的坎，为此对于同事的乌鸦嘴也很憎恨，上完牌照之后，他与同事之间的关系就渐渐地疏远了。

实际上，4只是因为谐音死而被很多人嫌弃，而在音乐领域，4发音"发"，更接近于发财的意思。为此，车牌号是否含4，对于一辆车或者车的主人而言，并不会起到实质性的影响。只要车主人心中对此不计较，4 就和其他所有的吉利数字一样都是好数字。为此，我们要做的不是避免遇到4等谐音不好的数字，而是端正态度，摆正位置，这样才能在遇到各种数字的时候都怀着良好心态面对。也唯有如此，才能消除消极心态对我们的负面作用和影响，才能更好地成长，在学习和工作中都获得更好的成就和表现。

不可否认，人的思想和情绪是很容易受到外部的人和事情影响的。既然知道自身存在这样的弊端，我们就要采取积极的态度去面对。很多时候，我们无法控制和左右外部世界，为此我们要更加理性，且从容地面对人生中的各种境遇。

从关系的角度来说，积极与消极是反义词，是正负两极，是可以相互抵消和转化的。为此，当产生消极情绪的时候，我们不如将其转化为积极情绪，这样一来，我们才能在面对人生中的很多事情时始终都怀着积极的态度，才能够有的放矢地去面对。很多人一旦感到消极，就会对自己很厌烦，实际上，当务之急是回避消极思想。接下来，就要想方设法去转变消极思想。在如今的教育界，提倡对孩子们进行赏识教育，而曾经有一些老师和很多父母，总是因为孩子偶尔表现不好或者在某一门学科上处于劣势，就给孩子贴上负面标签，全盘否定孩子。殊不知，这对孩子的身心健康是不利的，会给孩子带来消极的影响。作为成人，我们也不要总是给自己这样消极的暗示，在遇到消极暗示的时候，一定要及时转化。例如民间有个习俗，如果不小心摔碎了陶瓷制品，可以马上说个岁岁平安。或者一不小心说了丧气话的时候，就要呸呸呸地吐几口，这样就可以把晦气带走。这些都是转化消极暗示的方式，做完这些之后，我们的心就不会因为受到消极暗示而不安宁，这些方式也就起到了积极的作用。

与其说自己是个傻瓜，不如说自己是个天才。你对自己说出不同的话，会有不同的影响力。为此，即使面对自己，我们也要积极乐观，远离消极悲观。

第8章

直面困难——正念助你解开身心的枷锁

在这个世界上，每个人都是独立的生命个体，有着自己与众不同的脾气秉性和对于人生的追求。为此，不同的人哪怕在人生之中有相同或者相似的境遇，他们最终的结果也是截然不同的。这是为何呢？因为决定每个人成功与失败的关键因素不同，换一种更为准确贴切的说法，就是每个人都具备不同的成功要素和失败要素。为此在成长的过程中，我们一定要直面困难，坚持正念，从而解开束缚自己的心灵枷锁，不断地突破和超越自己，也最终成就自己。

不要总是折磨自己

看到这个标题，你一定会感到很纳闷：有谁会折磨自己呢？每个人不都应该很爱自己、想尽办法对自己好吗？一个人如果折磨自己，一定是脑子不清醒或者有毛病吧！先不要太早下结论，因为很有可能在不久的将来，你就会因为未可知的原因而折磨自己，而自己却毫无觉察。

现实生活中，折磨自己的人并不在少数，而且他们对于自己的折磨都是在不知不觉中进行的，而不是有意为之。这是为什么呢？因为每个人都是世界上特立独行的存在，因为每个人都有自己的世界观、人生观和价值观，也因为每个人面对自己的人生都有各种设想、憧憬与渴望。为此，人常常会陷入和自己较劲的状态中，往往不愿意原谅和宽容自己，往往在无意识的状态下就会像拧麻花一样拧巴着人生，也导致自己远离快乐与幸福。

小敏在商场了买了一件衣服。这件衣服非常漂亮，小敏买的时候没有发现有瑕疵，拿回家之后才发现衣服上有一个地方跳线了。这还不是开线，只需要缝合一下就行，而是布料在编织的时候出现问题导致的。小敏当即打车去商场处理问题，但是因为当时卖给她这件衣服的营业员不在，其他的营业员不了解情况，为此小敏第一次去商场并没有解决问题。问好了那个营业员上班的时间，小敏再次打车去商场，然而那个营业员说衣服已经购买回家，离开了商场，不能确定是否本身就有问题，需要请示上级。就这样，小敏不得不第三次打车去商场。

妈妈看到小敏几天都在忙活衣服的事情，忍不住对小敏说："你这打车来回三次了，打车费都够买一件新衣服了。"小敏不以为然，说："打车费是我该花的，衣服出现问题就该商场负责。"就这样，小敏接连跑了三次，才成功地换回衣服。当然，她的心情也很抑郁，妈妈说得很对，她都可以再买一件新衣服了，而现在她花了两件衣服的钱却只得到一件衣服。

在这个事例中，小敏的责任界定有错吗？当然没有。但是，凡事未必只有一种解决方案，如果小敏能够更加灵活地处理问题，不与商场也不与自己较劲，她也就不用在上班的时候请假，接连三次打车往返商场。然而，这是小敏的原则，也是她不愿意妥协的地方。其实，她无形中就在和自己较劲。现实生活中，类似这样的事情经常发生，很多人在和自己较劲的时候根本没有意识到自己的行为导致了得不偿失的后果，直到事情发生之后回过头来看，他们才会权衡利弊得失。当然，这并不是告诉我们做任何事情都要以利益为导向，毕竟对于生活中很多牵扯到原则的问题，我们还是要非常坚持的。但是对于那些和原则不相干的事情，我们则可以让思想变得灵活一些，随机应变地处理问题，从而避免损失扩大。

人生短暂，在面对很多问题的时候，我们都没有必要折磨自己。常言道，“退一步海阔天空，进一步万丈危崖”，这就告诉我们做人要能屈能伸，也要顺势而为。遗憾的是，在现代社会，越来越多的人特别浮躁，既不能宽容自己，也不能宽容他人。我们一定要摆正心态，不要总是斤斤计较，而要做到心有天地，这样才能宽容他人，才能给予自己更为辽阔的生存空间。

人生是没有回头路可走的，对于那些已经发生的事情，无论我们怎么懊悔、悔恨，都不可能取得逆转。既然如此，就要想得开，与其折磨自己，不如在事情没有发生的时候防患于未然，这样才能避免糟糕的事情发生，才能让自己的人生进展顺利，收获颇丰。

一念之间天地宽

毫不夸张地说，有的人心胸开阔，就像有一片天地一样辽阔，任何事情都不能使他们沮丧绝望，陷入绝境；而有的人则心胸狭隘，心眼就像针尖一样，哪怕只是遇到小小的坎坷和挫折，也会颓废沮丧，甚至情不自禁地想要畏缩。尤其是在人际交往中，与他人发生矛盾和争执的时候，心胸狭窄的人总是无法原谅他人，也不能原谅自己。

古人云，境由心生。实际上，每个人不同的心境决定了他们拥有不同的人生，正如人们常说的，“一念天堂，一念地狱”。对于同样的事情，想开了就是海阔天空，能主动退一步就可以到达天堂；而如果想不开，就是进入地狱，让自己和他人同时坠入万丈深渊。

在美国，有一个女孩嫁给了心爱的男孩，但是男孩是一名军人，因此结婚之后就要马上回到军队服役。女孩既不愿意离开丈夫，又不想和丈夫去他军队驻扎的沙漠里生活。思来想去，对丈夫的爱战胜了她对沙漠的恐惧，她还是决定和丈夫一起去位于沙漠中的军营里生活，夫唱妇随。

才到军营没多久，丈夫就要和军队一起深入沙漠腹地去参加集训，女孩则留在军营。众所周知，沙漠里的气候是非常恶劣的，白天即使躲在仙人掌下面的阴凉地里，气温也高得让人无法忍受。每当夜晚来临，气温骤降，女孩独自居住在军营的铁皮房里，冻得瑟瑟发抖。因为不懂得当地的语言，女孩非常寂寞，没有人交流。一段时间之后，她觉得苦闷至极，当即给父母写信，表达了她想要回家的想法。父母的回信加急寄到，女孩打开父母的信，看到信上只写着一句话："两个人同在监狱里服刑，他们一个人从窗户里看到了满天星光，成为了天文学家；一个人却只看到黑乎乎的泥土地，整日郁郁寡欢。"女孩豁然开朗，意识到真正需要改变的不是环境，而是她的心。

从此之后，女孩积极地学习当地语言，与当地居民进行交流，了解当地的风土人情。她惊讶地发现，并不曾接受过高等教育的当地居民实际上非常善良淳朴，他们甚至把舍不得卖掉的手工艺品作为礼物慷慨地馈赠给她。她还邀请当地人作为她的向导，带着她一起走入沙漠深处，了解沙漠上的各种植物、动物。几年的时间过去，她不但从对沙漠一无所知变成了一个沙漠通，而且在丈夫服役期满离开沙漠的时候，对于沙漠万分不舍。回到繁华的都市，她常常思念沙漠生活，写了一本书专门回忆沙漠生活，而她也因此成为畅销书作家，名利双收。

人生之中，处处留心皆学问，最重要的在于，我们要对生活怀着一颗真心，也要脚踏实地地深入了解生活，真正敞开怀抱去拥抱生活。如果我们总是对于生活感到非常生疏而疏离生活，我们就不可能得到生活的馈赠。

曾经有人说，对于每个人而言最大的敌人就是自己。的确，当我们被自己的心禁锢住，哪怕外部的景色再优美，我们也会视而不见。反之，当我们能够挣脱心灵的束缚和囚禁，我们就可以看到更为广阔的天地。这样一来，我们的人生就可以天高地远，我们的未来就可以绚烂多彩。

听说非洲的皮鞋销售市场很广阔，有两家温州的鞋厂都派出销售员去开拓非洲市场。一个销售员才刚刚下了飞机，走入非洲辽阔的土地，就看到非洲不管男女老幼全都赤裸着脚，走在或者滚烫或者冰凉的地面上。他马上打电话向厂长汇报工作："厂长，非洲人根本不穿鞋，在这里连一双鞋子都卖不出去。"为此，厂长让他打道回府。而另一个销售员下了飞机之后，看到目之所及都是赤裸的双脚，为此他兴致勃勃打电话告诉厂长："厂长，非洲的市场非常巨大。迄今为止，这里的人依然不穿鞋，我们只要让他们接受鞋子，哪怕他们每个人只买一双鞋，也够我们生产10年的。"就这样，这个销售员得到厂长授予的大力开拓市场的"尚方宝剑"，在非洲开始全力以赴地打开销售局面。才1年的时间，非洲的鞋子销售额就不断上涨，这个销售员摇身一变成为了非洲分公司的总经理，不但在非洲建立了皮鞋销售机构，而且还因看到非洲人力资源非常便宜，在非洲开办了好几个分工厂呢！

同样是面对非洲人赤裸的双脚，前一个销售员还没有展开工作就打道回府，后一个销售员却在非洲开创了自己辉煌的事业，也到达了事业发展的巅峰。这是因为他们的心态不同，看到了不同的东西，前者是绝望，后者是希望。在人生的境遇中，我们常常会面临不同的人生境遇，我们看到的人生到底是怎样的，并不取决于外部的世界，而是取决于我们的内心。

一念之间天地宽，我们一定要有大格局，要站在人生的更高处看得更远，才能让自己变得乐观豁达，积极向上，才能把各种坏的机会都转化为好的机会，从而让人生有与众不同的发展和成就。心中有什么，就能看到什么，这是颠扑不破的真理。我们在面对人生时，最重要的是调整好自己的心态，端正自己面对人生的态度。

成功与失败的机会对等

在人生之中，当面对很多好机会的时候，我们往往会陷入进退两难的困境之中。一方面，我们担心如果错过千载难逢的好机会，未来就很难再遇到机会；另一方面，我们也担心抓住机会的决定是错误的，导致自己蒙受损失。实际上，同样一件事情，其结果并不会倾向于成功或者失败，这也就意味着成功与失败的机会是对等的，我们不管是选择把握机会还是选择放弃机会，都同样面临着50%的成功概率和50%的失败概率。在这种情况下，我们还有什么必要为难自己呢？只要想得很透彻，也明确自己是想把握机会还是放弃机会，勇敢去做即可。但是，关于把握和放弃，则有不同的结局，那就是如果抓住机会努力尝试，我们有50%的可能获得成功，也有50%的可能遭遇失败；而如果彻底放弃，我们有0%的机会遭遇失败，与此同时，也只有0%的机会获得成功。这样一来，你又会如何选择呢？

不可否认的是，不可能每一次选择之下我们都能获得成功，就像未必每一朵花都会结出丰硕的果实一样。我们最重要的是勇敢面对，努力进取，而不要总是因为胆怯和懦弱就故步自封，导致自己陷入被动的局面之中无法自拔。人生之中的每一次选择，都不可能百分之百得到，当我们得到的同时，一定会失去什么。同样的道理，在我们艰难地舍弃一些东西之后，也会有一定的收获和得到。这是因为得到和失去总是相对的且是可以相互转化的。所以，我们必须努力付出，无所畏惧地尝试，这样才能最大限度地把握机会。

如今，肯德基老爷爷的头像遍布世界，而谁又能知道肯德基老爷爷——桑德斯上校在65岁的时候还一贫如洗、一事无成？也正因如此，他拿到的救济金支票金额少得可怜，只有105美元。然而，桑德斯上校很清楚，他只能依靠自己改变命运，为此他没有嫌弃救济金太少，而是努力地寻找人生的出路。

思来想去，他想到自己在开饭馆的时候，炸鸡是最受欢迎的一道菜品，为此他当即决定把自己的炸鸡配方推销给餐馆，从而为自己找到新的出路。有了这个想法之后，桑德斯上校就开始挨家餐馆推销炸鸡配方，但是那些餐馆的老板并不认为衣着朴素的桑德斯上校真的有什么了不起的炸鸡配方，为此他们拒绝了桑德斯上校。桑德斯上校没有气馁，在走遍身边的餐馆都没有得到结果之后，桑德斯上校决定开着他破旧的老爷车去美国的其他地方推销。从此之后，他风餐露宿，吃住都在老爷车上，终于在被拒绝了10009次之后，找到了一家愿意从他手中购买炸鸡配方的餐馆。正是因为桑德斯上校这种坚持不懈及为了获得机会而绝不气馁的精神，今天我们才可以在世界各地都吃到相同口味的肯德基快餐。

在人生的道路上，我们不可能有那么好的运气得到一切自己想要的东西，更多的时候，我们很难如愿以偿。既然如此，我们就没有必要在人生之中一定要得到什么——我们固然可以去争取，却不要因为得不到就抓狂。有的时候，放弃是为了更好地得到，而退让则是为了更进一步。所以聪明的人都会适度取舍，从而以取舍作为人生的杠杆获取人生中微妙的平衡。

现代社会，生存的压力越来越大，生活的节奏越来越快，这使得很多人都陷入焦虑状态，无法从容地做好该做的事情，有些人因为长期在巨大的压力下生存，甚至身体也出现问题，变成亚健康。不得不说，如果压力是不可能消除的，我们就要学会以正确的方式与压力相处，而不要总是被压力压得喘不过气来。近些年来，有些三四十岁的中青年突然猝死，就是因为他们忽略了身体敲响的警钟。前段时间，有一位记者写的一篇文章也在网络上被疯狂转载。这位记者详细记载了自己原本只是参加单位体检，却马上被安排入院进行紧急治疗的经历，在更多地了解到自己无知无觉的病情之后，他才感到后怕，意识到自己真的在鬼门关走了一遭。很多事情，不要等到最坏的结果发生后再去后悔和懊丧，而应该未雨绸缪，防患于未然。

人的本性都是贪婪的，人人都想得到更多的金钱、物质、名利，也希望自己能够获得莫大的成功，从而马上就能功成名就。不得不说，这是对于人生的误解，也使得我们变成了欲望的奴隶。欲望就像是一个无底的深渊，也像是人生中的黑洞，常常会吞噬我们本应该得到的幸福与快乐，也会让我们感到迷惘和无奈。为此 我们一定要更好地把控自己，这样才能有的放矢地面对人生，才能在成长之中给予自己更多的资本和底气。

做人，要想看得长远，要想有大格局，就要站得更高。曾经有一位伟大的人物说他只是站在巨人的肩膀上，其实，我们也要站在巨人的肩膀上，才能让自己有更加开阔的眼界和格局。古往今来，无数成功者的经历告诉我们，他们并非与众不同，也不是有过人的天赋，而是因为他们善于选择，能够在面临艰难困苦的时候果断做出选择，坚决展开行动，且毫不迟疑地放弃应该放弃的，所以他们才能最大限度地激发自身的力量，赢得更多的收获。

人生之中，我们要坚持正念，得之坦然，失之淡然，这样才能保持积极且健康的心态。既然全力以赴在人生中拼搏，就要拿得起放得下，既经得起繁华，也耐得住寂寞，这显然是人生中最佳的境界。

两点之间，未必线段最短

自从初中阶段开始学习几何，在昏头涨脑地比较各种线段的长短总是出错之后，我们就牢牢地记住了数学老师的教诲："两点之间，线段最短"。的确，这是颠扑不破的真理，不但适用于解答几何题目，而且在步入社会之后，我们也把这个几何定理发挥运用到极致，总是坚持两点之间线段最短的原则，去选择自己的物理路径和人生路径。

然而，两点之间真的线段最短吗？在几何学上，两点之间的确线段最短，但是应用到人生中，很多人都会发现，两点之间的直线偶尔可以作为追求成功的捷径，但是如果我们怀着急功近利的心一味地追求直线，则往往会导致事与愿违，也会导致我们省事不成，反而更加费事。古人一定是因为参透了这个道理，所以才会告诉我们"欲速则不达"，也以此警示后世。

人生总是有各种各样的不如意，也会面临形形色色的障碍。每当这时，我们未必能够像开凿隧道那样从山洞里穿过去，而且有的隧道所遇到的山洞也是不适合凿穿的，在这种情况下，就要学会在特定的阶段里迂回曲折，从而使问题得以解决。还记得在语文课本里学到的泰山的挑山夫吗？因为泰山很高，石阶很陡峭，所以挑山夫们并没有走距离最短的直上直下路线，而是走之字形路线，这样一来，他们就可以减缓坡度，让自己挑着沉重的东西走路时更节省力气。詹天佑当年在修建京九铁路的时候，也遇到了一个陡坡，同样是采取了迂回曲折的方式，才让火车头顺利爬上陡坡。思考问题的方式与此类似，如果遇到的难题是可以直接迎面解决的，那么我们就要直面问题。如果遇到的障碍很大，无法在短时间内超越或者战胜，那么我们就可以暂时离开直线的轨道，虽然这样要走一些弯路，却可以继续把事情向前推进。也许在这样继续前进的过程中，我们就会遇到一个契机，就可以找到解决问题的更好办法也未可知。总而言之，不要一条道走到黑，也不要总是把自己逼入困境和绝境。只有顺势而为，我们才能找寻到最省力和最可行的办法解决问题，让自己进入山重水复疑无路、柳暗花明又一村的胜境。

马铃薯原产于美洲，它不但产量很高，而且极富营养，为此法国的农业学家巴蒙蒂埃在美洲接触到马铃薯之后，当即决定把马铃薯带到法国。回到法国之后，巴蒙蒂埃对马铃薯进行了深入研究，最终断言马铃薯是值得大面积种植和推广的农作物。为了让法国人民尽早接受马铃薯，他还专门写了关于马铃薯的介绍发表在报纸上。然而，当时的法国人民对于新生事物怀有排斥和抗拒的态度，为此都很抵触马铃薯。又因为医学专家认为食用马铃薯有可能会导致失去生命，土壤学家认为马铃薯会导致土壤变得贫瘠，而封建迷信的民众则认为马铃薯是可怕的东西，是魔鬼的诱惑，为此马铃薯的推广毫无进展。

看到大力度的推广不但没有效果，反而遭到强烈反对，巴蒙蒂埃只好反其道而行。他自己拥有一片马铃薯的种植园，为此他让国王派出重兵把守他的马铃薯种植园，甚至明令禁止任何人偷窃马铃薯，就连一片叶子也不行。其他农民看到巴蒙蒂埃神秘兮兮的样子，好奇不已，他们总是悄悄观察巴蒙蒂埃是如何种植马铃薯的，而等到士兵换岗的间隙，就去偷巴蒙蒂埃的马铃薯，种植到自己家的土地里。渐渐地，那些偷了马铃薯的农民意识到马铃薯是一种非常好的农作物，并把这个消息传播了出去。这样一来，更多的农民来向巴蒙蒂埃索要马铃薯种子，渐渐地，马铃薯在法国的种植越来越普遍，终于成为大多数农民都很愿意种植的大众作物。

在这个事例中，巴蒙蒂埃四处大力推广马铃薯，却没有收到应有的效果，反而被农民们排斥和抗拒。为此，他就改变了一种方式，采取迂回曲折的方法，严密保护马铃薯。这样一来，反而激发起农民们的好奇心，也让农民们主动想方设法地偷窃马铃薯，并偷学马铃薯的种植方式。正是靠着这样的反其道而行，巴蒙蒂埃才成功地把马铃薯推销出去，才能让马铃薯成为农民们都乐于种植的大众作物。

很多人的思维都很保守，他们总是因循守旧，墨守成规，不愿意接受新事物。在这样的情况下，我们一定不要逼迫别人接受我们的新事物，否则就会激发起他们更为激烈的抗拒；而要改变思路，以迂回曲折的方式让人们认识新事物，从而让人们可以主动接受新事物。当年，通用电气公司生产出市面上第一台洗碗机，结果一经推出就遭到市场冷遇，哪怕投入大量广告进行推广，也没有收到预期的效果。后来，他们改变思路，去找房地产商进行合作，从而让房地产商在建造房子之初就把洗碗机镶嵌在房子里。这样一来，人们才开始接触洗碗机，到后来，他们不但接受了洗碗机，而且对洗碗机非常喜爱和依赖。

迂回曲折看起来像是舍弃了两点之间线段最短的道路，走了很多的弯路，实际上却让原本行不通的直线道路得以走下去，也获得了更新的局面和更多的契机。因此，这反而是绝处逢生的好方法，可以让我们避免与困难正面交锋，而以迂回战术战胜困难，获得最终的成功和理想的结果。

突破思维的铜墙铁壁

在这个世界上，即使是最坚硬和厚重的墙壁，也无法囚禁住我们的心灵，因为我们的心灵始终是自由的，不会被外部的世界限制和禁锢住，但是我们却很难突破思维的铜墙铁壁。这是因为思维的铜墙铁壁原本就存在于思维之中，为此很多人都无法意识到自己正被思维局限住，反而会因循守旧地沿着固有的思维思考问题。在这种情况下，我们被思维囚禁的情况只会越来越严重。这就像是一个人犯了错误，如果他始终觉得自己是对的，就不会主动改正错误。而要想改正错误，他必须首先意识到错误的存在，才能积极地反思自己，才能有的放矢地弥补和纠正错误。思维的铜墙铁壁就是这样的存在，我们只有意识到思维被局限，才会有意识地去打破局限，而如果我们不曾意识到思维的局限，局限就会一直存在，而且会在我们无意识的维护下变得越来越坚固和难以打破。

现实生活中，很多人都觉得经验是非常宝贵的，的确如此。经验是人们在现实生活中不断摸索和反思才得到的，为此，经验往往学不来，而要靠着自己亲自去摸索和一点一滴地积累。不可否认，经验对于帮助我们解决很多问题有积极的作用，但是有的时候，经验丰富的人会犯先入为主的错误，无形中就会限制创新能力的发展，也会导致在创新的过程中处处碰壁，无法突破经验的局限。

如今，整个社会都处于日新月异的发展之中，为此我们对于经验也要怀着与时俱进的态度，不断地更新经验，让经验更加适应现代社会的需要。唯有如此，经验才能在保持相对稳定的同时，也起到激励我们不断成长和创新的作用。尤其是在面对新的问题时，我们一定不要拘泥于经验，而要主动培养创新能力。对于人生中的很多难题，我们也要像做数学题一样，即使想到了一种解答方法也不要满足，而要举一反三，想出更多的解答方法，或是把题型进行变换，调整已知和未知的条件，从而让自己深入钻研这道难题，培养创新精神，从一道题目之中获得更多的收获。

1952年，日本的东芝电器公司因为生产了很多的电风扇，导致仓库里挤压了大量电风扇，而市场的销售情况却很不好，为此公司的资金周转紧张，资金链也面临断裂的危险。为此，东芝电器公司全体员工，上至领导，下至普通员工，都在绞尽脑汁地推销电风扇，但是并没有收到什么效果。

一个偶然的机会，东芝电器的一个普通员工向公司生产部门提出建议："市面上的所有电风扇都是黑色的，包括我们公司的电风扇在内。我们能不能改变电风扇的颜色，让电风扇的颜色不再是沉闷的黑色呢？"董事会经过研究，认定这个方法很可行，毕竟改变电风扇的颜色还是很容易操作的。为此，东芝电器尝试着把一批电风扇改成天蓝色。没想到天蓝色的电风扇一经推出就被抢购一空，而且有很多人想买还没有买到呢！此后，东芝电器把电风扇的颜色改为五颜六色，不但所有库存都清空，而且供不应求。从此之后，不但日本的电风扇变得五颜六色，全世界的电风扇都变得颜色鲜艳。

面对库存的大量电风扇，公司只是从销路上想办法，并没有收到良好的效果。幸好小职员突发奇想，建议公司把电风扇变成其他的颜色，从而打破了有史以来电风扇都是黑色的局面。这样一来，就产生了让人预想不到的良好效果，不但清空了所有的库存，而且还为公司创造了巨大的效益。这就是打破思维的铜墙铁壁产生的魔力。

曾经，有一家商场每当节假日的时候原有的电梯就很拥挤，为此他们决定新增电梯。但是，新增电梯就要新建电梯井，如果因此而让商场停业，损失不可估量，而且万一在停业期间客户形成新的消费习惯，不再光顾商场，那么新增电梯又有什么意义呢？为此，商场的领导者和电梯的工程师进行了很多次商讨，始终都没有想到好的解决办法。

有一天，领导和工程师们又在商场里视察情况，正当他们进行激烈讨论的时候，正在打扫卫生的清洁工不以为然地说："既然把电梯装在商场内部困难那么多，为何不把电梯装在商场外部呢？"清洁工一语惊醒梦中人，工程师在经过精心设计之后，最终决定把电梯加装在商场外部，而且把电梯朝着外面的那一侧井壁建造成透明的玻璃。这样一来，电梯就成了观光电梯，让来商场的客户们都觉得非常新奇和有趣，还成为了商场吸引客户的一个因素呢！

难道电梯工程师对于电梯的建造经验没有清洁工多吗？当然不是。正是因为工程师有过很多建造电梯的经验，所以他们在思考如何增建电梯的时候，不知不觉间就会进入固有的思维模式中，只想着要打通商场各层建造电梯井，而根本没有想到虽然有史以来电梯都是建造在建筑物内部的，但是对于一座已经成型且投入使用的建筑而言，为了避免对建筑和建筑之中的人产生负面影响，可以把电梯建造在建筑外部，只要把电梯的门对着建筑内部即可。很多好的想法和有创意的设想，都是由外行提出的，这是因为外行的思维反而能够天马行空，根本不受任何经验的限制和禁锢。

人的思维定式有强大的力量，思维定式形成的时间越长，使用的次数越多，就越是会对人们产生强大的束缚力。为此，不要再对经验顶礼膜拜，我们固然可以用经验来解决很多相同的问题，但是当情况有变化的时候，我们的思维就要与时俱进地发展，也要不断地突破和创新，才能找到最佳的方法来解决问题。

第9章

相信自己——用正念进行自我激励

一个人如果不相信自己，还能奢望得到谁的信任和支持呢？自信，是每个人最强大的自救力量，为此我们要坚持正念，以正确的方式激励自己，让自己变得更加强大。

每个人都能拥有正向思考力

只要坚持进行正向思考，我们的大脑就会变得非常积极，也会处于很活跃的状态。这样一来，我们的心态和情绪都会发生改变，尤其是活跃的思维还有可能突发奇想，或者抓住解决问题过程中出现的契机，从而使问题得以圆满解决。古今中外，很多成功者未必有过人的天赋，也不一定得到了命运的青睐，更多的时候，他们反而承受了很多挫折和磨难，但是，他们能够始终坚持积极地面对和处理问题，以正向思考的方式勇敢地解决问题。为此，我们要想在人生的道路上走得更长远，获得更加强大的能力，就一定要培养自己的正向思考力，从而让自己变得更加坚强，能够更加从容地面对人生。

当然，正向思考力并非与生俱来的。成功者之所以拥有正向思考力，是因为他们有自己的人生理想和梦想，确立了正确的人生方向。除此之外，他们还有很强的自信，相信自己只要一直非常努力，奋发向上，就可以实现伟大的人生目标。曾经有心理学家研究发现，大多数人出生时的先天条件相差无几，而之所以有的人能够获得成功，有的人总是与失败结缘，就是因为他们的思维方式不同，面对失败的态度也截然不同。

现实生活中，有很多人都急功近利，迫不及待地想要获得成功，也总是急急忙忙地寻找通往成功的捷径。实际上，成功是没有捷径的，我们与其寄希望于找到成功的捷径，还不如探讨成功者身上都有哪些共同点，在思维方式上又有怎样的与众不同之处。在秦末，陈胜吴广领导着最强大的反秦力量，有人误以为陈胜之所以成为反抗秦政权的将领人物，只是因为他在被押解过程中耽误了行程。其实，陈胜早在还是一名佃农的时候，就表现出对于人生的伟大志向，为此当被其他佃农嘲笑的时候，他才会说“燕雀安知鸿鹄之志哉”。古往今来，很多伟大的人物都从小就有伟大的梦想和远大的志向，也拥有正向思维的方式，因而在面对人生中的各种境遇时始终都能积极乐观，也可以想方设法解决问题。

与拥有正向思考力的人不同，那些拥有负面思维的人，一旦遇到小小的困境和障碍，马上就想要放弃。这样的自暴自弃，虽然帮助他们暂时远离失败，但是也导致他们彻底与成功绝缘。为此，一个人的思维习惯是怎样的，对于这个人将来会拥有怎样的人生有着至关重要的影响。作为独立的生命个体，我们不仅要关心自己生活的各个方面，还要关注自己的精神和心灵，才能主动自发地培养自身的正向思维能力。

法国大名鼎鼎的心理学家耶库曾经说过，每个人的身体里都蕴藏着巨大的能量，只有把这种能量很好地发挥出来，才能自救和救人，让我们的人生更加幸福美满；而如果把这种力量用到歪门邪道上，它则只会带给我们伤害和毁灭。曾经也有心理学家提出，人是有很大的潜能的，实际上正向思考力就是人的潜能之一，只要对正向思考力加以开发和利用，我们就能变得更加强大，成为真正的人生强者。

曾经，人们误以为一个人成功与否与他的智商密切相关，而后来心理学家提出情商的概念，人们才渐渐意识到人生的成功与否与情商密切相关。实际上，情商是一种综合的情绪感受能力，而正向思考力也正与情商密切相关。情商高的人不但能处理好复杂的人际关系，与身边的人密切相处，而且也能处理好与自己的关系，与自己友好相处。他们既不会放纵自己，也不会在人生中迷失，虽然对于自己高标准严要求，却也总是能够宽容和激励自己。正是因为如此，情商高的人才能激发自己的所有潜能，让自己以强者的姿态傲然屹立于人生之中。

看到这里，不要觉得正向思维的能力是多么高大上且可遇而不可求的，只要愿意积极面对人生，只要愿意努力，我们都能获得正向思考力。在正向思考力的引导和帮助下，我们可以做到积极地面对人生，即使遭遇坎坷挫折，也会向着伟大的梦想努力奋进，也会为了实现远大的志向而不懈努力。此外，正向思考力与一个人所接受教育的程度之间也并没有必然的联系。近些年来，不时有大学生、研究生自杀的事件发生，他们或者是因为在生命中不如意，或者是因为不敢面对这个残酷且竞争激烈的社会，而这些都是缺乏正向思考力的表现。真正拥有正向思考力的人，哪怕没有接受过系统的学校教育，哪怕生活艰苦，也可以非常积极乐观地面对人生。前段时间网络上流传的那个考上北京名牌大学的女孩，那么乐观坚强，虽然生活很艰苦，却并不以为苦，就是因为她的妈妈是一个非常乐观向上的人，所以也就在无形中影响了她，并且为她营造了良好的成长环境。

越是在逆境之中，正向思考力越是会表现出强大的力量。通常情况下，每个人一旦身处逆境、生活不顺利，就会感到颓废沮丧，这也无可指责，乃是人之常情。但是这是感性的反应，从理性的角度来说，我们越是置身于人生的逆境之中，越是应该振奋精神，让自己冲破逆境，获得更快速的成长和发展，这才是面对人生应该有的态度。俗话说，危难时刻见真情，其实正向思考力的魅力也正是在恶劣的环境中才能大放异彩的。

当然，正向思考力并非与生俱来的，而是在后天的成长和发展中逐渐形成的。人人都具备拥有正向思考力的潜质，但是，如果我们不能意识到积极乐观对于人生的重要影响，就无法有的放矢地激发正向思考力，也无法培养自己形成正向思维的好习惯。在日常生活中，不管遇到什么问题，一定不要第一时间想到放弃，要知道，既然生活仍在存续，我们就必须非常努力才能熬过重重难关，也必须激发自身的力量战胜困难，才能从一次次小小的成功中获得自信，获得更加长足的进步和发展。此外，人在职场，也不要总是吝啬力气，或者遇到小小的困难时就想要退缩。没有人是天生的强者，你所羡慕和崇拜的那些职场精英，也都是在不断历练的过程中才成长和强大起来的。为此，越是在工作中处境艰难、任务艰巨，我们越是要勇敢无畏、努力向前。当你坚持不懈、越挫越勇、当你发自内心地想要战胜困难、突破自我，你就会渐渐地拥有正向思考力，你的人生也会绽放与众不同的光彩！

失败是成长的脚印

有人说，失败是成功之母，有人说，苦难是人生的学校。现实生活中，诸如此类的话还有很多，大多数都是在劝说我们要勇敢地面对挫折和失败，而不要因为遭遇小小的不如意就一蹶不振，甚至沮丧绝望。的确，新生命从呱呱坠地那一刻开始，就踏上了成长的征程，在不断成长的过程中，他们会因为获得成长而欣喜，也会因为遭遇失败而伤心难过，甚至受到致命的打击。然而，必须更加努力地向前，我们才能走过这一切不如意，才能得到成长。如果总是在生命历程中止步不前，如果总是因为人生面临困窘而放弃，我们将一事无成。

对于每个人而言，失败一次两次并不可怕，有谁不是踩着失败的阶梯努力向上的呢？当终有一日，我们走过失败，得到成功的嘉奖，再回头来看的时候，我们一定会觉得失败的脚印是人生的勋章和荣誉，是不可磨灭和缺少的人生印记。当然，前提是我们要走过失败，走过人生的坎坷泥泞。

不可否认，失败和挫折对于每个人而言都是沉重的人生打击，人的本能就是趋利避害，每个人都想在生命历程中获得更多的鲜花和光环，都想获得万众瞩目与仰视。但是，成功并非轻而易举就能获得的。更多的时候，成功必须饱经磨难，也要经历重重逆境的考验。为此，我们更要坚持正向思考，才能在面对各种不如意，甚至是面对残酷的打击时，依然心中怀有希望，坚持正向的想法。有位名人曾经说过，所谓成功，就是比失败的次数更多一次的尝试。的确如此，很多时候成功就躲在失败的转角处，如果不能勇敢无畏地面对失败，而是在成功即将到来的最后一次失败时选择放弃，那么我们就会彻底与成功绝缘。为此，就把失败当成一次对自己的历练吧，这样才能在面对失败的过程中不断地努力向前，才能在面对失败的时候绝不气馁。古人云：“前事不忘，后事之师。”这句话告诉我们一定要牢记曾经失败的经验和教训，这样，未来再遇到相似的问题时才会有据可查，有迹可循。伟大的唐太宗李世民之所以能够开创唐朝盛世，就是因为他明白“以铜为镜可以正衣冠，以人为镜可以明得失，以史为镜可以知兴亡”的道理。这里所说的历史，就是曾经的失败和挫折，就是如今最好的借鉴和激励。

现实生活中，很多人都会盲目羡慕成功者，甚至误以为成功者都是因为有独特的天赋，得到了命运的青睐，才获得成功的。其实不然。爱迪生为了寻找到合适的材料作为灯丝使用，尝试了1000多种材料，进行了7000多次实验。这也就意味着他至少失败了7000多次。伟大的发明家诺贝尔为了研究出新型炸药，进行了无数次实验，也曾经因为实验失败而失去了弟弟和助手。这一切都没有阻挠他奔向成功的决心，他总是一往无前，无所畏惧，继续冒着生命危险独立进行化学实验。正是因为有这样顽强不屈的精神，诺贝尔才能成为伟大的化学家才能在世界科学史上留下自己的盛名。

失败不但可以给我们通往成功的经验，也可以让我们获得更多的智慧。人在刚出生时，如同一张白纸，根本没有经验，也没有感悟。正是在失败的过程中，才能不断地成长，才知道哪些事情是可以行得通的、哪些事情是根本行不通的。可以说，失败是通往成功的桥梁，只有通过失败的桥梁，我们才能以最快的速度奔向成功，才能以更加高效的方式继续尝试，让自己距离成功越来越近。

失败对于我们的成长好处多多，但是我们必须能够以正确的态度面对失败，以积极的心态从失败中汲取经验和教训，不断反思和成长，这些好处才能真正兑现。人生的道路从来不会平坦，我们常常会遭遇各种坎坷和挫折，既然这是生命必然的历程，与其一味地逃避，不如积极主动地面对，唯有如此，我们才能不断强大，才能砥砺前行！

乐观面对人生

我们常常把人生观挂在口头上，那么什么是人生观呢？归根结底，人生观是一种态度和看法，是对于人生中的各种问题的综合理解。在生命的历程中，我们常常会思考人生存在的意义，也会想要知道自己存在的价值，也因为在生命历程中总是会经历各种各样的事情，为此人生观也涉及对于爱情的观念、对于吃苦和享乐的观念、对于荣誉和耻辱的观念等。当人生观扭曲，人生就会误入歧途，走上偏路。只有坚持正确的人生观，我们才能在正确指引下走好属于自己的人生之路。

现实生活中，每个人的脾气秉性各异，每个人的人生观也各不相同，这是因为大多数人的家庭背景、成长经历、人生阅历、价值观念都是不同的。为此，他们会呈现出不同的人生状态。有的人非常乐观积极，即使在人生之中遭遇不如意，也总是能够说服自己继续坚持下去，熬过最艰难的黑暗阶段，迎来人生的黎明；有的人却总是消极悲观，他们的人生虽然相对顺利，也没有大的磨难发生，但是因为他们对于人生有太多不切实际的渴望和过高的、过于完美的要求，所以他们常常会对人生感到不满，也会因此而陷入消极痛苦的困境之中。

有人觉得人生是漫长的，有人却觉得人生如同白驹过隙，有人觉得人生非常美好，值得留恋，却也有人对于人生充满了厌恶，正因为如此，他们才会悲观厌世，甚至极端地结束生命。台湾女作家三毛对于人生就充满了否定，尤其是在与她两情相悦的丈夫荷西去世之后，她的厌世思想更加强烈和浓郁。最终，她选择自杀，离开了这个不能让她感到满意的人世。如果你曾经看过黄日华和翁美玲演绎的《射雕英雄传》，那么你就会觉得，在翁美玲之后，再也无人能把黄蓉的形象演绎得那么惟妙惟肖、古怪精灵。正是这样的一个精灵女子，也选择了打开煤气，结束自己短暂而又绚烂的人生。每一个轻生的选择背后，都是对于这个世界深深的失望和不满，都是害怕活着胜过害怕死去。人，最宝贵的就是生命，为何会做出这样的选择呢？就是因为否定性的人生观在作祟。

人生固然有很多的不如意，甚至会承受打击和磨难，但是，归根结底，活着都是这个世界上最美好的事情。俗话说，好死不如赖活着，俗话又说，留得青山在，不怕没柴烧，就是告诫我们一定要珍惜生命。因为死亡意味着生命的终结，意味着我们所珍惜的一切都变成虚无，而活着则意味着生命的延续，只要生命还在，很多事情就总还是有机会的。对于人生，不要总是怀着消极悲观的态度，导致自己总是抱怨生命短暂和反复无常；而要怀着积极的态度，感恩自己还拥有生命，感恩自己还能看到阳光，感受到清风的抚慰，也闻到或浓或淡的花香。

很久以前，有个国王特别喜欢打猎，常常深入森林之中打猎。有一次，国王在外出打猎的时候，因为与一只受伤的野兽展开了肉搏，所以被野兽咬掉了一个手指头。国王看着自己原本完美无缺的身体如今变得残缺，始终郁郁寡欢，逢人就问："我少了一个手指头，这可怎么办呢？"大家都对国王的遭遇表示深切的同情。有一天，国王外出微服私访，遇到了一个智者，又向智者提出同样的问题。没想到，智者却笑着说："少了一个手指，这是好事情啊！"国王勃然大怒，当即命令士兵把智者抓起来关进监狱里，并且下令要把智者关到死亡。

然而，国王实在太喜欢打猎了，为此，才过去一年之久，他就忘记了隐隐作痛的手指，再次去森林里打猎。然而，这次国王可没有那个好运气只是遇到野兽，他在追赶一头困兽的时候，居然闯入了野人的领地。野人当即把国王抓起来，准备用国王来祭祀祖先。国王害怕极了，他央求野人放了他，并且许诺给野人很多金银珠宝，但是野人根本不知道金银珠宝为何物，也根本不为所动。就在国王即将被杀掉的那一刻，负责屠杀的人发现国王一只手上有5个手指，而另外一只手上却只有4个手指，为此他赶紧叽哩哇啦地去和首领说了很久。然后，他回来解开国王身上的绳索，把国王放了，而用跟随在国王身边的一个大臣做祭品。原来，野人认为国王的身体残缺不全，用他献祭是对祖先的不恭敬。死里逃生的国王回到国家，赶紧去找智者，并且对智者道歉。智者笑着说："我虽然被您误解，却能够死里逃生——如果您把我带在身边打猎，那么被当成祭品的大臣就会是我。"听到智者的话，国王忍不住笑起来，他由衷地对智者竖起大拇指，而且此后重用智者，让智者辅佐他治理国家。

塞翁失马，焉知非福呢？国王失去了一个手指，却因此而保全了性命，智者因为说了实话而遭遇牢狱之灾，却因为没有得到国王的器重而避免了被当成祭品的厄运。人生，应该活在当下，坦然面对生命历程中的一切遭遇，这样才能让自己的心更加开阔，也让自己的心中充满正念。从某种意义上来说，正念就是对人生有坦然的气度，也是对人生有着随遇而安的从容不迫。

要想做到树立肯定性的人生观，首先，要对人生充满感恩之心。其次，要活在当下，不要总是因为已经失去的昨天而懊恼，也不要总是因为还没有到来的明天而忧愁和焦虑，只有把握现在，活在当下，才能更加专注于此刻的人生，才能获得真正的幸福和快乐。再次，要有开阔的心胸。现实生活中，总有些人对于得到和失去斤斤计较，虽然嘴上说着吃亏是福，却压根不能忍受自己吃一丝一毫的亏。这样一来，他们就无法做到赠人玫瑰，手有余香，也很难心甘情愿地付出。最后，要养成积极乐观面对人生的好习惯。当一个人总是习惯于消极悲观地面对人生中的一切事情，则渐渐地，他就会更加被动和沮丧，甚至经受不起任何小小的打击。而当他习惯于以积极乐观的态度面对人生，那么他就能够挺直脊梁行走人生的道路，就能在面对艰难的处境时对于自己不抛弃，不放弃，咬紧牙关努力行走人生的道路。在这样全心全意投入和无私付出的过程中，每个人会更加感恩生命，更加珍惜生命。

目标明确，才能启程

还记得南辕北辙的故事吗？在故事里，那个即将出远门的人，虽然有最好的车夫、最结实的马车、充足的盘缠，但是却选择了错误的方向。为此，他的一切有利因素都会起到相反的作用，都会使他距离目的地越来越远。由此可见，在人生之中，在开始一段旅程之前，确立正确的目标，明确正确的方向，是至关重要的。只有在保证目标明确、方向正确的情况下，我们才能策马奔腾、努力向前。

人人都渴望拥有成功的人生，却很少有人透彻地明白成功从来不是一蹴而就获得的，天上也不可能掉馅饼。要想获得理想中的生活，我们首先要知道自己理想中的生活是什么样子的，这样，我们才能朝着目标努力上进；如果我们压根不知道自己理想的生活是怎样的，那么我们的努力就会像是船只失去了方向，在漫无边际的大海上航行，最终只能不知所踪。

人人都要有明确的生活目标，只有在目标的指引下，我们才能确立正确的方向，也只有在目标的激励作用下，我们才能排除万难，始终坚定不移、勇往直前地朝着既定的目的地前进。在人生的历程中，除了要有伟大的远期目标之外，为了避免总是努力却无法获得成功带来的失望和沮丧感觉，我们可以把远期目标进行划分，使其变成中期目标和短期目标。这样一来，我们每实现一个短期目标，就会获得小小的成功，也就会获得激励和鼓舞，从而让自己扬起信心的风帆，在人生的道路上开足马力，奔向前方。

在东京作为主办城市的国际马拉松邀请赛上，名不见经传的山田本一获得了冠军。记者们蜂拥而至，询问山田本一是如何获得冠军的，山田本一淡然回答：“凭着智慧。”大家都觉得山田本一是在故弄玄虚，为此都放弃采访，心想山田本一只是侥幸获得成功而已。

然而，几年之后，在其他国家的城市举办的又一届国际马拉松邀请赛上，山田本一再次获得冠军。人们又来采访山田本一："请问，您是如何获得冠军的？"山田本一依然回答："凭着智慧。"这个回答依然使人费解。直到十几年后，山田本一出版自传，人们才理解了山田本一是如何凭着智慧取胜的。原来，山田本一每次参加马拉松比赛，都会提前亲自熟悉赛道，并且以赛道上的显著标志物对赛道进行划分。这样一来，当其他选手在因为疲惫而没有力气提升速度的时候，山田本一始终在向着下一个短期目标冲刺，他既有速度，也有耐力，所以对冠军势在必得。

一个人在努力的过程中是否有目标作为指引，将会对于他努力的结果产生很重要的影响。有很多人因为没有目标的指引，只有一个假大空的梦想，而最终把梦想变成了空想。为此，要想人生有意义，要想让自己获得成功，我们必须首先确立目标。当伟大的目标确立之后，就不要轻易改变，所谓"有志者立长志，无志者常立志"，若不停地改变目标，则会让我们在生命历程中感到彷徨和迷惘。

在确立目标的时候，需要注意以下几点。

首先，制订目标要符合自身的实际情况，不要虚无缥缈，而要建立在现实的基础上，制订通过努力可以实现的目标。当然，在制订人生目标的时候，是可以制订得远大些，因为远大的目标才能对我们起到长期的激励作用，有很多人制订了远大的目标，最终在坚持目标的过程中，实现了目标。例如美国的莱特兄弟从小就梦想着飞天，最终通过持之以恒的努力实现了别人认为不可能实现的梦想，这就是梦想的伟大力量。

其次，在制订远大目标之后，要对目标进行合理划分，将其划分为中期目标和短期目标，这样我们才会得到目标的激励作用和力量，才能在实现目标之后获得成就感，从而充满力量地奔赴下一个目标，就像马拉松选手山田本一那样。

最后，一旦确立目标，在实现目标的过程中，不管遭遇多少艰难险阻都不要轻易放弃，而要始终坚持，不间断地努力，这样才能让努力不断地积累，最终让我们的付出由量变引起质变，也让我们的人生获得突破和超越。有的时候，我们会因自己一直努力却没有进步而困扰，而实际上，人生是需要只求付出、不问收获的精神的。只要你始终在坚持把简单的事情做到最好，只要你从未放弃，每天都在脚踏实地、一步一个脚印地进步，你一定会得到命运的善待，你的努力一定会在恰到好处的时候开花结果，绚烂绽放！

第10章

积极工作——工作中应用正念的智慧

不得不说，在如今的时代里，职场上的压力越来越大。具体来说，不但是一个萝卜一个坑，而且每个萝卜要想汲取更多的养分生长，必须非常努力和上进。否则，很有可能遭遇“长江后浪推前浪，前浪死在沙滩上”的窘境。有很多人都排斥和抗拒压力，实际上，只要运用正念的智慧，怀着积极的心态面对工作，就会取得良好的效果。

不要再抱怨了

现实生活中，很多人都喜欢抱怨，尤其是那些看似有才华却没有找到才华施展之地的人，更是成天怨天尤人、唠叨不休，似乎抱怨能够帮助他们找到人生的舞台，找到绽放自己的机会。而实际上，抱怨根本于事无补，更多的时候，抱怨除了暂时发泄一下情绪之外，只会导致事情的结果更加糟糕。有些职场上的年轻人不但抱怨，还会选择跳槽，然而，不停地换工作之后，他们又发现自己遇到的同事和老板更糟糕，工作更加辛苦忙碌，而且薪水并没有增长多少，为此这山望着那山高的他们不由得感到很沮丧。但是，世界上没有后悔药，也没有人可以走一步看三步甚至看到未来的结局。所以面对人生，我们更需要的是付出、坚持、努力、不懈，而不是觉得自己出类拔萃却没有得到赏识，也不是觉得自己有出人头地的才华却没有得到认可。真正的人生强者，是从坎坷磨难中走出来，就像凤凰涅槃一样可以浴火重生。任何时候，我们都要坚持成为最美的钻石，这样才能璀璨夺目，至少照亮自己的人生。

很多人误以为抱怨不会起到消极的作用，反而能够发泄情绪，殊不知，抱怨是一种非常消耗能量的行为，常常会让我们心力交瘁，也会让我们颓废沮丧，根本没有更多的勇气和动力做到更好。常常有人因为抱怨而导致自己精疲力尽，却毫不自知；常常有人因为抱怨导致自己陷入更深的困境之中，却无力自拔。这些都是抱怨惹的祸，为此我们要想在职场上有更好的表现，要想在生命历程中有更加美好的未来，就一定要坚持正念，停止抱怨，给予人生更多积极的能量。人的心就像是一个容器，如果装满了负面能量，正向积极的能量就无法进驻，只有把负面消极的能量彻底清除，正向积极的能量才能充满我们的心，才能让我们的人生更加努力上进，积极进取。

小张在工作上有着出色的表现，才大学毕业3年的时间，就已经成为公司的中层管理者。为此，他被猎头公司看中，跳槽进入另外一家公司成为高层管理者。然而，这家公司的管理非常混乱，公司的制度也漏洞百出，为此虽然小张进入公司之后有着满腔的热情和抱负，却无处施展。进入公司3个月，他始终无所作为。有一次公司开会，老板对小张说："小张，公司请你过来，是让你大刀阔斧好好干的，但是你自从来到公司之后，并没有什么出类拔萃的举动，人家都说新官上任三把火，你这可是一把火都没有烧起来啊！"小张很恼火，当即把对公司的不满说出来，说公司制度漏洞百出，人员参差不齐，等等。因为开会的现场还有很多其他同事，老板也被小张说得恼羞成怒，结果不欢而散，小张难免又萌生出跳槽的念头。

然而，老板不愿意放走小张，毕竟小张是他花费重金邀请来的人才。小张呢，一时之间也没有更好的去处，为此决定咨询职业顾问，看看自己到底应该何去何从。职业顾问对小张说："公司的现状是需要你去改变的，这正是当初老板高薪聘请你的原因。要是公司里什么事情都进展顺利，老板哪还需要你大刀阔斧呢？"职业顾问的一番话让小张茅塞顿开，他主动找到老板进行沟通，而且针对公司的现状如何改进制定了详细的计划书。老板非常支持小张，就这样，小张经过一番努力把公司管理得井井有条，也让公司焕然一新。年终的时候，老板给了小张大大的红包作为年终奖励，而且越来越器重小张了。

对于工作，小张一开始怀着消极的态度，觉得自己应该是得到重用且有现成的施展舞台的。为此，他在跳槽之后对于公司现状抱怨不休，而没有采取措施去改变。在职业顾问的点拨之下，小张才茅塞顿开，意识到自己到公司来肩负的责任和使命，为此他改变消极的念头，以积极的态度和老板沟通，最终得到了老板的大力支持和赏识，成功地调整了心态，改变了命运，也有的放矢地展开了自己职业生涯的画卷。正是因为如此，小张才能改变职业现状，从冲动地想要辞职和跳槽，到获得良好的职业发展前景，可谓有了巨大的改变。

抱怨，很难使人得到好的结果，反而会导致负面情绪不断积累，使得结果变得更加糟糕。尤其是在职场上，抱怨是无法帮助我们获得上司赏识的，反而会使我们失去上司的赏识和信任，也会导致我们不能集中所有的精神和注意力来面对当下的工作。正确的做法是怀有正念，马上停止抱怨，全身心投入到生活和工作之中，这样才能让自己全力以赴，竭尽所能地创造精彩和美好的未来，有的放矢地成就更广阔的职业天地。

为了减少抱怨，当承受巨大的工作压力时，我们需要为自己的压力找到宣泄的渠道，而不要一味地抱怨，否则，只会导致负面情绪越积累越多，使得现状堪忧，未来也不再值得期待。只有把负面的情绪发泄出去，我们才能逐渐恢复平静的心态，才能减少抱怨的次数，也唯有如此，我们在面对工作和生活的时候，才能以更加积极阳光的心态投入。正如人们常说的，心若改变，世界也随之改变，只要我们以更好的姿态面对工作，说不定工作上就会有更好的收获，也会有更加美好的未来。

工作是有技巧的

坚持正向思考，能够帮助我们在生命的历程中始终怀有积极的心态，也有助于我们排除万难，获得事业上的伟大成功，实现自身的价值。然而，在如今竞争激烈的职场上，除了要有正向思考之外，还要有工作的技巧起到辅助的作用，这样才能更好地发挥才干，才能让我们的职业发展生涯越来越开阔。在以正向思考为基础的前提下，我们不管在职场上遇到怎样的困境，都能够勇敢无畏、想方设法地战胜困难。

此外，正向思考力也能帮助我们在想方设法解决难题的时候有的放矢地改善工作的方式与方法，改善技巧。也唯有如此，我们才能在工作的历程中事半功倍，取得良好的效果和更高的效率。总而言之，工作上不能一味地埋头苦干，也不能总是无所畏惧地向前。我们必须更加辛苦执着且富有技巧，才能在人生的历程中崛起，才能在未来的人生道路上有更好的进取之心，更加无所畏惧，勇往直前。

在台湾，人人都知道王永庆的大名，却很少有人知道王永庆当年家境贫苦，是从当杂工开始踏足职场的。一开始，王永庆刚小学毕业，年纪很小，干不了其他的事情，就在茶园里当跑堂的杂工，每天早晨天不亮就要赶到茶园里辛苦地做活，而且在一整天的时间里都要在茶园里跑来跑去招待客人。这样的工作看起来范围很小，就在茶园里忙活，实际上王永庆一天的时间里要走很多的路，整个工作下来非常辛苦和疲惫。但是，小小年纪的王永庆从来不会叫苦叫累，而是始终都在努力坚持。后来，王永庆又去了米店里当学徒工。小一年的时间过去，爸爸看到王永庆非常机灵，而且似乎对于做生意很精通，为此就四处筹钱，为王永庆开了一家米店。因为没有太多的钱，他们的米店开在偏僻的巷子深处，在这条街道上的繁华地带，已经有了好几家米店，为此竞争也是非常激烈的。

开张之后，王永庆的米店生意并不是很好，为此王永庆想方设法做好生意。当时，大米只是粗加工，为此大米里还有很多的沙砾。王永庆就发动全家人花费很多时间把沙砾挑拣出来，这样一来，主妇们买了大米回家做饭的时候，就不需要再花费时间挑拣沙砾。所以，主妇们都很愿意来王永庆的米店里买米。后来，王永庆还推出送米上门的服务，他不但细心地记录下顾客大米吃完的时间，而且还会在送米上门的时候帮助顾客清洁米缸。如果顾客还有剩米没有吃完，他还会把剩米倒出来，把新米放入米缸底部，再把剩米倒在上面。有些顾客买米的时候没有钱，王永庆也允许赊欠，等到顾客开支的日子，他再上门去收回米钱。在这样用心细致的服务之下，王永庆的米店生意越来越好。后来，王永庆赚到更多的钱，还把米店开到繁华热闹的街道上，并且在米店后面的房子里开了一家大米加工厂，这样王永庆的米店可得到随时供应的大米。

不得不说，王永庆的确是有生意头脑的，他懂得做生意的技巧，而且把生意越做越好。当然，这也得益于王永庆对于经营生意始终怀着正念。他在一开张生意冷清的时候，并没有消极悲观，而是主动想办法经营好生意，也给予自己更多的机会去改变现状。为此，他才能一步一步把在偏僻巷子里的米店经营得风生水起，才能最终成为台湾的塑料大王。

关于工作的技巧，有以下几个要点。首先，在面对工作困境的时候保持积极的思维方式，坚持正念，而不要总是轻易放弃。如今的职场上，很多年轻人承受挫折和打击的能力都很差，他们一旦遭遇困境，就会情不自禁地想要放弃，不得不说，这是很糟糕的行为表现，也注定了他们在暂时避开失败之后必将迎来彻底与成功绝缘的困境和绝境。

其次，在面对工作困境的时候，还要整理清楚工作的轻重主次。很多人在工作的时候，总是不能够对工作的轻重主次进行区分，这导致他们虽然为工作作出了很多的努力，却始终不能有的放矢地面对工作，更不能全力以赴地经营好工作，为此他们在工作上表现出漫无头绪的慌乱，最终导致虽然花费了很多时间和精力在工作上，但是工作并没有取得好的成果。具体而言，在工作上的轻重主次顺序是，先做重要且紧急的工作，再做紧急的工作，再做重要的工作，那些不重要也不紧急的工作可以留待有时间的时候再去做。这样一来，就可以分清楚工作的轻重主次，也把时间充分且合理地利用起来。

再次，要对工作有规划。很多人对于工作并没有计划，只顾着做手里的工作或者临时突然发生的紧急工作，最终忙碌了一天，却发现当天必须完成的工作还没有做。每天，我们都可以在下班之前抽出时间来对次日的工作进行规划，也可以在工作当天的早晨早10分钟到办公室，对于一天要完成的工作进行计划，将其限定在特定的时间里完成。这样不但可以帮助我们珍惜和高效利用时间，而且可以帮助我们有的放矢地完成工作任务，使我们在工作过程中呈现出有条不紊的状态。

最后，不要被电子产品吸引，乃至把大块的时间切割碎裂，导致工作的效率非常低。电脑和网络的普及，使得人们在工作的时候对于网络的依赖越来越严重，如今，智能手机的普及，也导致人们在工作的过程中常常会情不自禁地浏览手机。在看朋友圈、各种娱乐花边新闻的过程中，我们的工作效率变得非常低下，这是因为各种各样的浏览耽误了我们的时间，而且把原本可以专心致志用来工作的大段时间进行了分割。为此，要想专心致志把工作做好，我们就要管理好自己，这样才能有条不紊、全神贯注地工作，才能珍惜时间，高效率用时间。

对于工作而言，时间是非常宝贵的，要想把工作做好，就要有时间作为载体和必备的成本，而且高效利用时间也是有效工作的技巧之一。为此，每一个职场人士都要意识到时间的重要性，也要能够积极主动地利用时间，这样才能最大限度地提升对于时间的利用率，才能把该做的工作全都做好。

以积极的心态拥抱工作

很多人一旦提起工作就愁眉苦脸，殊不知，以这样的状态是无法把工作做好的。要想把工作做好，最重要的就是要怀着积极的心态，这和人要积极乐观地面对人生是同样的道理。其实，不管做什么事情都需要我们怀着正念，唯有如此，才会在坚持的过程中获得强大的力量，才能在不断成长和进步的过程中获得更好的收获。

在现实的职场中，有的人积极乐观，浑身都充满了干劲；有的人消极悲观，总是会陷入各种各样的情绪困境中无法自拔；有的人不吝啬力气，觉得力气是花不完的，多一些努力就多一些机会；有的人连多一分力气都不愿意出，总觉得工作是为了老板，而自己只是赚取微薄的薪水而已，所以就抱着当一天和尚撞一天钟的被动心态面对工作……无论是谁，如果不能以端正的态度和积极的心态面对工作，就不可能把工作做好，更不可能在工作上获得好的成就和发展。这就是关于工作的正向思维力。

在工作中，一个人是怀着消极的心态还是积极的心态工作，对于他在工作上的表现会起到很大的影响作用，也会导致他在工作上的行为截然不同。积极主动的人即使在工作过程中遭遇困境和障碍，也总是能够积极地迎接挑战，努力踏实地进取，想方设法地解决难题、战胜困境；而消极对待工作的人，别说遭遇坎坷挫折，就算是在工作的过程中感受到一点点的疲惫，他们也会马上放下工作，只想安逸舒适地休息。显而易见，在这样两种状态下，人们对于工作的收获将会截然不同。

如今的职场不但竞争激烈，而且瞬息万变，每个人在面对工作的时候，都会遭受挑战，也会毫无征兆地得到很多机会，为此一定要做好准备，这样才能有的放矢地创造业绩，才能尽情地展示自身的才华。消极怠工的人连本职工作都不愿意做，遇到任何艰巨的工作任务都会情不自禁地往后缩；而积极工作的人不吝啬付出更多，因为他们知道做得多才能积累宝贵的工作经验，才能在不断拼搏进取的过程中提升和完善自身的能力。所以当你对待工作消极怠工的时候，不要抱怨自己没有得到命运的青睐，也不要抱怨自己总是在工作过程中迷失，从未得到好机会的眷顾，而要想一想你做了什么。虽然有时可能会多做多错、少做少错，但是在多错的同时，我们也正好意识到自身问题的存在，从而更加有的放矢地弥补自己的失误和劣势，并发展自己的长处，把优势发扬光大。记住，其他人的机会并非是平白无故得来的，而是他们努力争取才得到的，也有可能是他们主动创造出来的。我们如果也想要得到千载难逢的好机会，就一定要更加积极主动，无所畏惧，在职业发展的道路上勇敢前行。尤其是要坚持正念，因为在具备正向思维力的前提下，我们才能怀着乐观的心态，从很多事情之中看到机会的存在，才能在努力做好每一件事情的过程中为自己创造出更多的机会，这才是最重要的，也是人生中理所当然的存在。

在现实的职场上，总有些人对于工作有着天生的能力，他们似乎轻轻松松就能把工作做好，而且还常常因为做出成就而得到领导的赏识，得到更多升职加薪的机会。其实，这样的人并非有独特的天赋，也不是总能得到命运的青睐，而是因为他们在成长的过程中始终都能全力以赴地奔向未来，始终都能有的放矢地努力争取。为此，他们在正向思考的导向作用下，不管面对怎样的人生困境和难题，都始终能够表现出积极的姿态，也始终能够采取有效的措施去面对和解决问题。

首先，作为职场人，我们只有积极主动，才能为自己开创新的起点，争取到新的机会。很多年轻人在最初走入职场的时候，总是血气方刚，热血澎湃，觉得自己只要努力进取，就一定会出人头地，做出万众瞩目的成就。然而，真正进入职场之后，他们才意识到理想总是丰满的，现实总是骨感的，由此他们对于工作开始失望，并且渐渐地形成了消极怠工的坏习惯。对于他们而言，工作不再是事业，而是一种混饭吃的低级手段，试问，在这样的心态下，年轻人如何能够成功地开拓出工作上的新局面呢？常言道，万事开头难，对于刚刚走出校园的年轻人而言，缺乏经验，对于工作也不了解，一开始肯定会是很难的。然而，只有熬过最初这艰难漫长的阶段，才能有的放矢地面对接下来的职业发展道路，才能拓宽自己的职业发展道路，让自己有更好的成长和未来。

其次，积极主动，才能突破工作上的困境，突破人生发展的瓶颈，让自己的未来充满更多的可能性，更加值得期待。在每一个用人单位里，所有领导、上司和老板，都希望自己能够聘用到踏实肯干、积极主动面对工作的人。因为只有拥有这样的员工，公司才能生存下去，也只有拥有这样的员工，公司才能取得更好的发展。遗憾的是，如今的就业市场上有一个奇怪的现象，那就是很多用人单位的负责人都抱怨没有好的人才可以聘用，而又有很多年轻人拿着大学毕业证书四处找工作，抱怨就业市场的形式非常严峻。为何会出现这样两种截然不同的呼声呢？就是因为太多的年轻人尽管有着很高的学历，却没有脚踏实地工作的精神，也没有在工作中开拓进取、求实创新的能力，为此并不符合用人单位的要求。任何时候，学历都只是敲门砖，一纸文凭无法代表年轻人真正的能力和水平。只有不断地努力进取，真正以实力为自己代言，以在工作上的现实表现作为对自身能力的证明，年轻人才能突破自身的局限，获得真正的成长，才能获得领导者的认可和赏识。

最后，积极主动地工作，才能获得升职加薪的机会。人在职场，虽然说要把工作当成事业，要以长远的眼光和野心看待工作，而实际上，工作的重要目的之一就是赚钱养活自己，就是给家人提供更好的生活。为此，每一个职场人士最迫切想得到的就是升职加薪的机会，这一则是对自身能力的认可和价值的彰显，二则可以获得更加丰厚的薪水，从而提升生活的质量与品质。一个对待工作很被动也吝啬力气的人，很少有可能获得升职加薪的机会，即使被加薪，也只可能是因为全体员工的薪水普涨。而相比起全体员工薪水普涨，更让职场人士激动的是他们因为工作表现突出、工作能力很强而得到领导特别的关照，得以升职加薪。显而易见，这是对于自身最大的认可和最好的褒奖。要想得到这样的特殊荣誉，就一定要对待工作很积极，而且有创新性。不要担心犯错误，很多职场人士因为怕犯错误，在工作上始终不求有功，但求无过。不得不说，这样的想法完全错误。人非圣贤，孰能无过，一个人如果始终没有在工作上犯过错误，那么只能说明一点，即他对于工作始终无所作为。相比起这样的员工，真正明智的领导会更欣赏那些在工作上敢想敢干的员工，也很愿意给予这样的员工更多的机会去施展才华。

当然，在认识到积极主动工作的重要性之后，接下来，我们要做的就是切实积极地展开工作。具体来说，积极工作要主动承担起重要的工作任务，不要因为畏难就总是退缩，尤其是在上司有重要的工作任务需要分派下去的时候，在其他同事都默不表态的情况下，如果你能够毛遂自荐，勇敢承担起责任，那么一定会给上司留下良好的印象。在揽下艰巨的工作任务之后，在正式开展工作之前，可以制定详细周密的工作计划表上交给上司，在项目开始推进之后，也应该按时向上司汇报工作。这样一来，有了问题才能及时发现，或者弥补，或者改正。当然，在此过程中要摆正心态，虽然要和上司保持密切的沟通，但是要认识到一点，那就是不管是呈交工作计划表还是汇报工作，目的都绝不是邀功，而是与上司及时沟通，从而保证工作顺利推进。

作为年轻人，我们一定要对工作有端正的态度，明确意识到工作不仅仅是为了赚取微薄的薪水，也不仅仅是为了保证自己最基本的生活，而是为了证明自己存在的意义和能够贡献的价值。对于工作，一定要事无巨细地认真对待，只有坚持把工作做到最好，我们才能拥有与众不同的工作表现，才能如愿以偿地得到工作的最大回报。

成为敢于负责的勇敢者

每个人要想立足于人生，最重要的一点就是要有责任心，敢于负责。遗憾的是，在现实生活中，很多人都不敢负责，表现得非常怯懦。在这些人中，一种情况是担心责任重大，为此逃避负责；另一种情况是在责任已经形成之后采取各种方式逃避责任。和前者的怯懦相比，后者的懦夫行为更让人不齿。人在职场，要想获得更多的机会，拓宽自己的舞台，就一定要敢于承担责任。很多人面对艰巨的工作任务，总是采取畏缩的态度，生怕自己在付出之后非但不能得到认可和赞赏，反而会因为任务太艰巨、做不好而落下埋怨。不得不说，世上没有那么多让每个人都能得心应手的工作，这就像吃饭，只有啃得了硬骨头，才能证明自己的牙口好。如果总是像吃柿子一样只拣软的吃，怎么能有机会证明自身的实力呢？

在承担起艰巨的工作任务之后，如果在开展工作的过程中出现失误或者纰漏，一定要正确面对，而不要刻意逃避。很多人误以为真正的强者是能力很强的人，是可以横扫天下解决一切问题的人。其实不然。这个世界上，每个人都是肉体凡胎，能力都有限，谁也不可能把每件事情都做得完美，更不可能不犯错误。只是，真正的强者从来不逃避错误，而是会勇敢面对自己的错误，在有了责任需要承担的时候绝不畏缩，勇敢承担。这样才能直面困难，才能在改正和弥补错误的过程中让自己有更好的成长和发展，让自己不断得到提升和进步。常言道，失败是成功之母，也是进步和成长的阶梯，说的就是这个道理。

人的本能就是趋利避害，当风险发生的时候，当责任需要承担的时候，人会本能地想要畏缩和逃避。然而，每个人都是社会生活的一分子，不但需要面对自己的内心，更需要在生存的过程中受到社会各方面的约束。为此，我们不能遵循本能的指引去做错误的选择，而要与身边的环境密切融合起来，从而让自己的言行举止符合社会的行为规范和要求，也能够在承担责任的同时彰显出自己与众不同的品质和气度。我们每一个人作为独立的生命个体，都要学会对自己的行为负责，都要履行自己的责任和义务，都要承担起肩膀上沉甸甸的责任，这样才能以大写的人字屹立，才能真正支撑起自己作为独立生命个体的脊梁。

很多人都觉得所谓负责任就是要很辛苦，就是要不断地付出——的确如此，一个人做什么事情可以坐享其成呢？不但负责任需要辛苦和付出，做任何事情都需要我们坚持不懈地努力。我们想要得到的越多，我们所要坚持付出的也就越多，然而不要因此就害怕和退缩，也不要因此而影响自己的情绪。只有消除内心的焦虑，保持健康、积极向上的心态，我们才能有的放矢地经营好属于自己的人生，才能激发自身内部无穷的潜力和强大的力量，最终塑造和拥有与众不同的、充实而又精彩的人生。

在生命的历程中，每个人都有自己肩负着的责任。不仅仅是在工作中，在生活中我们也依然要负责任，才无愧于作为一个人的使命和骄傲。为此，在任何需要承担起责任的时候，不要抱怨，不要退缩，哪怕为了承担责任要付出很多，我们也要坚定不移地勇往直前，挺直脊梁，这样我们才能得到自己和他人的信任与尊重。

只有对工作负责，才有可能完成本职工作，甚至做出杰出的成就；只有对工作负责，我们才是对自己的职业生涯、职业发展与自己的人生负责；只有对工作负责，我们才能最大限度地激发自身的潜力，证明自我存在的价值和意义；只有对工作负责，我们的人生才会更加积极，富有意义，我们才能如愿以偿地在工作上得到更为丰厚的回报……

只要我们怀有正念，以积极主动的态度面对工作，从来不敷衍工作，也不搪塞，更不在有人或者无人的情况下说一些抱怨或者轻视工作的话，而是怀着感恩的态度面对工作，并竭尽所能把工作做得更好，渐渐地，我们就会对工作负责，也会对自己负责。

和老板换位思考

很多年轻人之所以总是对于工作三心二意，怀着敷衍了事的态度，就是因为他们并不知道自己工作的目的和意义是什么。他们始终认为自己是在为了老板而工作，也常常揣测自己为老板赚取了多少钱、创造了多少利润，而从未想到如果不是老板提供了平台，给予他们工作的机会，他们只能继续奔波在找工作的路途中，也从未想到老板作为一家公司或者企业的负责人，为了维持公司的正常运转，付出了多少艰辛和努力。作为职场人士，我们要学会和老板换位思考，这样不仅能理解和体谅老板的辛苦，从而设身处地地为老板着想，而且能使我们拥有当老板的胸怀和胆略，扩宽职业发展前景。

每年年轻人在走出校门的那一刻，就远离了熟悉的老师和同学，接下来他们将进入人生中另一个重要且漫长的阶段，那就是作为社会人投入工作的阶段。当然，人人都知道要认真对待工作，为此，他们常常以尽职尽责作为认真工作的概括。现实生活中，的确有很多职场人士对于工作很认真，也很负责，他们之中的有些人还会怀着积极的热情投入工作，希望能够从工作中获得更加长久的进步。然而，并非人人都能获得长久的进步和发展，有些人的眼光不够长远，觉得自己工作只是为了挣钱，为此虽然辛苦努力地工作，却没有在工作中用心，更没有奢望从工作的过程中获得更多的进步与成长。

还有些职场人士特别吝啬自己的力气，他们把工作的分内之事和分外之事区分得很清楚，只做自己的分内之事，而不愿意做任何他们理解中的多余的工作。这样一来，他们无形中就会堕入当一天和尚撞一天钟的负面循环之中，根本不知道自己应该以怎样的态度面对工作，也常常会因为偷奸耍滑而导致职业生涯发展受到限制，无法做出成就。

每一个人要想在工作上有所成就，除了要对工作尽职尽责之外，还要对于工作非常热爱，而且要高瞻远瞩，有大格局，从而全身心投入工作之中，与团队里的人精诚合作，万众一心，把工作做得更好。只有努力提升自己的工作能力，且毫不吝啬地在工作上爆发巨大的能量，才能真正成为工作的主宰者，才能让自己的职业发展获得更为广阔的天地和更加远大的未来。

纵然只是一颗螺丝钉，也要关心和关注全局，也要把自己的命运与全局统一起来，获得长久的进步。唯有如此，我们才能把自己看作一颗必不可少的螺丝钉，把庞大的公司机器看成自己不可缺少的人生舞台。正如古人所说的，水能载舟，亦能覆舟。我们就是舟，公司就是水，唯有在漫长的过程中始终坚持努力向前，我们才能在职业发展的道路上把自己的命运与公司的命运紧密联系起来，才能让自己的未来在公司的良好发展前景下绽放光彩。

即使作为一个普通的职员，我们也要有当老板的胸怀和胆略，更要和老板一样拥有全局性的战略眼光，统观全局，进行战略性的思考。唯有如此，我们才能发挥自身的力量，让自己变成不可或缺的存在，才能以这样博大的胸怀、长远的眼光和见识让自己拥有更为广阔的职业发展前景和更加绚烂多彩的职业未来。

第11章

豁达人生——正念思维让胸怀开阔

人生不如意十之八九，很多人都会面临各种各样的困窘和磨难，也会遭遇形形色色的挫折和坎坷。既然不如意是人生的常态，我们就没有必要总是因此而陷入消极沮丧的情绪状态中，而要学会坦然接受，从而一念之间天地宽，让自己拥有越来越开阔的胸怀，也坚持正念，让自己的内心充满积极的情绪，让人生更加努力拼搏，奋发向上。

苦难是人生的学校

常言道："吃得苦中苦，方为人上人。"这句话虽然简简单单，只要几秒钟就能说一遍，以至于经常被很多人挂在嘴边，但是现实生活中，真正能够做到这句话的人却少之又少。人的本能就是趋利避害，每个人都想在人生之中有更好的成长和发展，也希望自己可以得到光环与荣誉，获得比别人更美好的生活，而并不愿意经历苦难。然而，一个人不管是生活在社会的底层还是上层，都会有自己的苦难。

人人都有苦难，有的时候，我们只是因为看到了别人的光鲜亮丽，就觉得别人一定生活得很幸福美好，却不知道别人很有可能在成功前经历过不少的挫折苦难。要知道，世界上从未有一蹴而就的成功，也没有天上掉馅饼的好事情，每个人都要不断地努力上进，也要有吃苦的精神，才能勇敢无畏地在人生的道路上前行，才能端正心态，踏踏实实一步一个脚印地前进，奔向自己的目标。

现代社会发展速度非常快，很多人都陷入浮躁的状态之中，总是想要一蹴而就获得成功，也总是想要不劳而获。这样的心态，只会使人一无所获。有人说人生是一场未知的旅程，也有人说人生是一场充满凶险的航程，而实际上人生更像是一块糖，这块糖的外面包含着苦味和酸涩，我们只有耐心地吃下去，坚持吃掉所有的苦味与酸涩，才能收获最终的甜蜜。

在生命的历程中，每个人所要吃的苦也许形式不一样，但其本质是相同的。为此，我们要做的是熬过现阶段的艰难，坚持从苦难的大学里毕业，这样才能不断地成长，让自己的内心更加成熟。记住，困难只是暂时的，而且困难有着外强中干的本质，而作为独立的生命个体，我们的内心蕴含着生命的无穷潜能和强大力量，为此我们只要咬紧牙关面对人生的各种苦难，最终一定能够打败所有的苦难，让我们的人生绽放出异样的光彩。我们要怀着正念，正确看待吃苦这件事情，从被动消极地吃苦，到主动积极地吃苦，从悲观绝望地吃苦，到乐观且充满希望地吃苦，这样我们才能苦尽甘来，才能得到生命最丰厚的馈赠！

寻找能量，要战胜苦难

人生这一程走过来，苦要吃得，福要享得，还要战胜无数的坎坷与艰难，当然是需要很多能量的。那么，人生的能量从何而来呢？一则，我们要唤醒潜能。心理学家经过研究发现，每个人都像是一个沉睡的宝藏，拥有无穷的潜能。即便是像爱迪生、爱因斯坦那样伟大的科学家，也只是用了人生1/10的潜能，而对于每个人来说，至少有9/10的潜能都在熟睡状态，如同一头沉睡的雄狮那样，等待着被唤醒。二则，我们要从各种磨难之中站起来，才能以坚韧不拔的顽强姿态在人生的道路上走出自己的风采。所谓真金还要火来炼，在顺遂如意的人生境遇中，我们很难看出每个人独特的潜质，而只有在特殊的危难时刻，我们才会更加了解自己，才会更加了解他人。所谓路遥知马力，日久见人心，越是在紧急艰难的时刻，我们的表现就越是富有代表性，也越是具有含金量。

作为一名作家，约翰·布里顿创造了《美国和威尔士的美人》这本书，为此原本默默无闻的他受到很多读者朋友的喜爱。布里顿从小生活在一个很贫穷的家庭里，他的父亲是面包师，开了一家面包房，因为经营不善，导致赔了本钱，还让整个家庭生活变得更加困窘，父亲承受不了这样的打击，以致精神分裂。在这个时候，布里顿还是一个年幼的孩子，父亲的疯狂让整个家庭雪上加霜，幸运的是，布里顿很坚强，不管生活多么艰难，他都始终坚持努力向上。他没有钱接受教育，就去打工养活自己。然而，他在叔叔开的酒庄里工作了好几年的时间，仍没有任何收获，最终在被叔叔赶出去的时候，身上只有可怜的几个硬币。此后，他始终过着漂泊无依的生活，总是被灾难打击，被苦难纠缠。即便如此，他也没有改变自己热爱学习的心，他一边居无定所，甚至不知道自己的下一顿饭在哪里，一边争分夺秒地利用闲暇时间看书和学习。因为长期的艰苦生活，他的身体状态非常糟糕，受到身体困扰的他开始从事律师工作，但是薪水非常微薄。然而，他在买书的时候从来不吝啬金钱，甚至会慷慨地把自己积攒的所有钱都拿出来买书。就这样，他在学习的道路上越走越远。到了28岁的时候，他开始正式投入文学创作，并且出版了人生之中的第一本书。此后的50多年时间里，直到去世，他一直在从事文学创作，是一个笔耕不辍、特别高产的作家。他在一生的时间里为世人贡献了87本书，其中他的《英国大教堂的古代风习》一书，多达14卷，是一部史诗级别的伟大作品。

如果布里顿当年在父亲疯狂、自己努力打工又被叔叔欺骗和赶走之后，就此走上堕落的道路，那么他就不会成为伟大的文学家，更不会在一生之中著作等身，创作出那么多优秀和伟大的作品，也让自己为历史所铭记。他正是因为像踏破荆棘一样踏破苦难，把苦难踩在脚下，不管遭遇怎样的艰难困苦都从来不放弃，所以才能在人生之中崛起，才能真正扼住命运的咽喉，改变自己的命运。

在苦难面前，人总是会走向两个极端：弱者被苦难打倒，在人生中如同无根的浮萍一样四处漂泊，无依无靠，直到毁灭；而强者却能以顽强不屈的精神战胜苦难，无论如何，都不会向苦难屈服，更不会向苦难投降。正因为如此，后者才能以优秀的成绩从苦难这所学校里毕业，才能变得更加强大，更加坚强，才能以苦难作为人生的养分，在苦难的滋养下生根发芽，开花结果。细心的人会发现，古今中外，大多数伟大的人、成功的人，都曾经遭受过苦难的折磨。孟子云："天将降大任于斯人也，必先苦其心志，劳其筋骨，饿其体肤……"由此可见，困难真的是人生的必修课。生于忧患，死于安乐，我们唯有从苦难的学校里毕业，才能始终昂然面对困难，以强大的姿态把苦难踩在脚下，让苦难真正地成为人生的光环。

然而，很多人尽管意识到无数伟大的人都是从苦难中崛起的，却不知道那些伟大的人真正从苦难中领悟和洞察到了什么。茨威格曾经说过，命运总是喜欢捉弄人，它总是给那些伟大的人以最残酷的考验，让他们接受重重的磨难和打击，甚至非要让他们的人生变得如同最荒诞的戏剧那样不可捉摸，最终还要给他们冠以悲剧的生活外套，最后才让他们在顽强追求真理的过程中变得更加坚强和无所畏惧，为此这些伟大人物的成功也因为有了苦难黑色的底色作为衬托而变得更加璀璨夺目，引得万众瞩目。的确，现实就是如此，一个人如果总是生活在安逸的环境中，就不要奢望自己会得到成功的青睐，也不要奢望自己有朝一日会获得万人敬仰的成功。我们无法预知自己将会在生命中有怎样的经历，无论处于何种境地，我们都应，集中所有的精神和力量面对当下的自己，提升和完善自己，也让自己变得更加强大。唯有如此，我们才能真正战胜磨难，才能全力以赴地经营好属于自己的人生，获得与众不同的成功！

斤斤计较的人吃亏更多

尽管人人都知道吃亏是福的道理，但是现实却告诉我们，没有任何人愿意吃亏、敢于吃亏。实际上，古人在说出“吃亏是福”这一句警世恒言时，是为了告诉世人吃亏可以帮助我们平衡人生的盈亏，让我们在生命历程中消除灾难，得到福气。在如今这个时代里，我们更需要了解人生的平衡之道理。有时候我们主动地吃亏，是为了在吃亏之后得到回报，是为了通过吃小亏的方式让自己得到更多的收获。尤其是在人际交往中，那些甘于退让一步的人，往往是为了海阔天空，是为了避免把自己推到危险的悬崖边上，也是为了让自己能够心胸开阔，怀着理性的态度面对人生。实际上，我们不应该忘记祖宗的古训，也不要忘记祖宗在留下这样的古训时最想告诉我们的道理。世界上的万事万物都处于一个平衡的状态，就像月有阴晴圆缺一样，人生也会有盈缺，为此，我们要戒掉贪婪，要学会知足，这样才能在人生中维持微妙的平衡。

墨菲定律告诉我们，一个人越是害怕什么，越是会遭遇什么。从墨菲定律的角度进行推理，我们不难得出一个结论，即一个人越是害怕吃亏，越是斤斤计较，也就越是容易吃亏。既然注定要吃亏，与其被动吃亏，甚至吃亏更多，不如主动吃亏，这样说不定还能让自己获得内心的安然与豁达。所谓赠人玫瑰，手有余香，其实我们在付出的时候就已经得到了很多，只要我们用心去感受和体会，就一定会因此而感到满足。

只要我们坚持正念，吃亏就不再是被动的无奈之举，而是我们在积极主动地以付出和谦让的方式来磨炼自己的心性与意志力。只要我们经受住吃亏的考验，我们就会更加积极乐观，也会非常愿意以吃亏的方式提升自己的内心，增加自己的能量。在工作上吃亏，意味着我们要在工作上付出更多的努力，却未必能够收到立竿见影的效果；在生活中吃亏，意味着我们要与人为善，也学会谦让和宽容对待他人；在人生中吃亏，则意味着我们始终都要怀着平静的心态面对人生，也要积极地经营好人生，这样一来，我们才能在生命的历程中不断地崛起和强大，让自己真正成为人生的强者。

刘工作为新入公司的博士后，原本是作为技术人才被引进公司的，但是让他没想到的是，他才来公司报道的第一天，就被分派到下面的分厂进行为期一个月的实习。一开始，刘工感到愤愤不平：我可是博士后啊，整个公司里学历最高、能力最强的人，怎么非但不重用我，还故意捉弄我，让我去偏僻工厂的车间里工作呢？然而，刘工还算是能耐得住的，他尽管心中嘀咕，却二话没说背起行囊去分厂报道。在分厂里，生活的条件很艰苦，工作的环境也很恶劣，时值炎热的夏季，刘工每天都守在高达40多摄氏度的车间里，一天下来不知道要流多少汗。

然而，才来到分厂3天，刘工的心态就改变了。他发现，自己虽然学识很渊博，学习水平也很高，但是对于实际的生产线操作完全一窍不通。为此，他收起自己的骄傲，当即向那些老师傅请教，并且尊称他们为老师。一个月的时间很快过去，刘工不想马上回到总公司，于是主动提出要在分厂工作一年的时间。上司同意了刘工的申请。等到一年之后回到总公司时，刘工已经从来公司报道时的毛头小子变成了一个沉稳、经验丰富的老工人，他的手非常粗糙，但是他的眼神不再飘忽不定，而是无比坚定。回到总公司，刘工不管是说什么话还是做什么事情，都特别有底气，因为他用一年的辛苦换来了自己的资本和底气。

在这个事例中，新入公司的刘工从一开始排斥去分厂，到后来主动申请留在分厂工作一年的时间，正是因为他转化了自己对于去分厂历练的态度。一开始，他觉得以自己的学历和能力，去分厂纯粹是吃苦受罪，是在吃亏。后来，他意识到自己应该主动吃亏，为此才主动向总公司提出继续留在分厂，干满一年的时间。这是因为他知道吃亏是福，也意识到只有理论知识作为指导，而没有实践经验作为资本，自己是没有资格在公司里作为一个技术工程师存在的。把这个道理想明白之后，他把吃亏吃到了一定的境界。

在职业生涯中，每个员工要想把工作做得出类拔萃，就要主动吃亏。很多员工对于工作上的分内之事和分外之事区分很清楚，殊不知，若一个人把自己的工作画圈限定，那么也就意味着他限定了自身的发展，很难有所成就和突破。真正在职业发展中出类拔萃的人，从来不把工作当工作，而是把工作当成自己的事业，也把工作当成自己人生中最重要的事情，为此全力以赴地去做。不管是做人，还是做事，抑或是经营企业，我们都要有主动吃亏的精神，从而持续地提升自己的人生境界，让自己在发展的过程中获得更长足的进步。

当然，要想做到主动吃亏，甘于吃亏，我们就要端正思想和心态，意识到吃亏就是占便宜。只有真正把吃亏看成占便宜，我们才能形成正向思维，才能在积极吃亏的过程中获益更多。从本质上而言，吃亏实际上是一个不断积累的过程，在吃亏的过程中我们坚持付出，而量变最终会引起质变，勇于吃亏也让我们在人生之中收获更多，积累更多，成长更多。

绝境只存在于你的心里

很多时候，我们会觉得自己已经走到了人生的绝路，似乎前方根本无路可走。然而，这样的人生绝境真的存在吗？难道每当这个时候我们就要束手就擒，向命运投降吗？当然不是。俗话说，天无绝人之路，实际上人生之中是没有绝境的，真正的绝境只存在于我们的心里。不管面对怎样的境遇，只要我们的心中始终满怀希望，有着光芒，那么黑暗就无法把我们湮没。

当然，对于人生，我们也不能过于乐观。在生命的旅程中，我们的确常常会山重水复疑无路，对此，我们只有继续坚持，努力超越看似绝境的存在，才能柳暗花明又一村。很多人看到这里一定会抱怨：命运为何这么残酷呢？为何总是故意捉弄我们，想要置我们于死地呢？其实是我们误解了命运，因为命运不仅仅是这样对待我们的，也是这样对待其他人的。也许你会说：我从未看过有任何人和我一样倒霉！其实只是你的视野受到局限，因而你总是误以为其他人的人生都很顺遂如意。你也许会因为自己受到了命运的亏待而感到懊恼。但实际上，命运总是公平的，它给一个人关上一扇门，还会为这个人打开一扇窗。西方国家也有句谚语——如果你因为错过了太阳而哭泣，那么你就会连群星也错过了。这是因为当你面对群星哭泣的时候，泪水会迷蒙了你的双眼，使你错过欣赏群星的最佳时间。

当身处绝境的时候，不要悲观，不要绝望，而要由衷地感谢命运。因为当你置身于绝境时，你才能破釜沉舟，对于自己的生活做出积极的改变。与其抱怨命运，与其因为绝境而哭泣，不如增强自己的力量，让自己鼓起所有的勇气勇敢地走出绝境，这对于我们而言才是最好的选择。记住，你比你想象中更强大。那些妄自菲薄的人常常会在绝境之中迷失自我，而只有真正坚定勇敢起来的时候，我们才能激发自身的能量，无所畏惧地超越绝境，战胜绝境。

现实生活中，很多人之所以被绝境打败，是因为他们急着向绝境投降，以为绝境是人生永远的状态，为此放弃努力，不再折腾。殊不知，这样虽然可以暂时避免失败，却也彻底失去了成功的机会。只有坚持正念，我们才能以更加积极理性的态度面对绝境。当我们的心中充满了积极乐观的想法时，我们就会意识到绝境只是人生中一闪而过的一种状态，也是人生中的一个门槛，只要抬起腿迈过去，绝境就不复存在。尤其是对于很多做决定总是犹豫和迟疑的人来说，绝境还意味着转折的机遇。如果你了解历史，那么你一定会知道历史上赫赫有名的巨鹿之战。在这场战役中，项羽以少胜多，率领全体将士对强大的秦军发起九次进攻，最终才战胜了秦军。那么，项羽和全体将士为何能够以一当十，爆发出强大的、令人难以置信的力量呢？就是因为他在渡河准备与秦军开战之前，命令将士们烧掉宿营用的帐篷，凿穿过河回家的船只，也砸碎了做饭用的锅灶，而只给每个将士发了3天的口粮。项羽没有进行热血澎湃的战前动员，而以这样的做法告诉每一个人——包括他自己在内：这是一场只能胜利的战争，否则就只有死路一条。不得不说，这正是这场战争决胜的关键，项羽的破釜沉舟，让每个人都意识到这是一场没有回头路可走的战争，是一场不能失败和逃跑的战争，是一场把自己逼到绝路上的战争。要想活下去，就只有打败秦军这一条路可走。最终，强大的求生力量让他们以一当十，战胜了强大的秦军。

巴尔扎特也曾经说过，对于弱者而言，绝境是无底的深渊；而对于强者而言，绝境却是扭转命运的绝佳奇迹，也是人生向上的阶梯。山重水复疑无路，柳暗花明又一村，固然是人生中美好的胜境，但是要想到达到这样的胜境，需要我们坚持努力，破釜沉舟，把自己逼入绝境。所以，不要再因为身处绝境而怨天尤人，而要更加努力进取，有的时候还要主动创造人生的绝境呢！唯有如此，我们才能更加全力以赴，打开人生的崭新局面，才能无所畏惧，在人生的道路上踏破荆棘，走到更加开阔的人生地带。

人的求生意志是非常强大的，那些软弱的人只是自以为软弱而已，当身处绝境的时候，他们就会发现自己是那么强烈地想要活下去，哪怕只有一丝一毫的希望，也绝不愿意放弃。在某部电影中，一个年轻人去大峡谷探险，在出发前为了避免被妈妈唠叨，独居的他在妈妈打来电话的时候没有告诉妈妈自己的去向，而后便骑着自行车带着欢呼雀跃的心情深入峡谷之中。然而，也许是乐极生悲吧，他在与两个偶然遇到的女孩度过了快乐的同行时光之后，居然掉入了一个峡谷之中，而且掉落的大石块把他的右胳膊死死卡住，让他不得动弹。他想方设法试图移动石头，拿出胳膊，但是即便是在降雨的时候借助于水的浮力，他也没有拿出胳膊。在等待了漫长的时间也没有等来路过的人救援自己之后，他决定用随身带着的一把很迟钝的刀子自救。他尝试了好几次，最终才下定决心断臂自救。他忍受着剧烈的疼痛，切断自己胳膊上的肉，挑断筋膜，并借助身体的重量硬生生地掰断了胳膊上的骨头。等到他最终带着只剩下根部的右胳膊爬出峡谷，又行进了一段距离之后，他终于遇到了旅游的人。人们在看到他的时候吓得忍不住躲避和怪叫，在确定他是人之后，才马上对他展开救援。最终，他在经历了如同炼狱般的100多个小时后，活了下来。他虽然失去了胳膊，却获得了新生，可以继续享受美好的生命。

影片是根据真实事例改编的，我们难以想象，事例的主角经历了怎样的身心痛苦和折磨，才做出这个断臂求生的决定，又是忍耐着怎样的痛苦，才能把这个决定付诸实践。如果主人公不是一个充满正念、有着顽强求生意志的人，他一定会死在无人知道的大峡谷里，甚至永远不会被发现。而他一心一意想要活着，心中充满了求生的正念，所以才能在这样的绝境中成功求生。相信在重获新生之后，他一定会更加积极地面对人生，热爱生命，并活得更加精彩和充实。

低头是为了更好地抬头

人生之中，要想抬头，一定要先学会低头。说起低头，很多人对此都有误解，总觉得低头就是软弱怯懦的表现，低头就是认输，而实际上，人生中的很多时候，胜负输赢并没有那么重要。低头，看似是简简单单的一个动作，实际上却能够彰显出人们的气度和力量，也是做人的智慧和勇气。

人生之中，有谁不曾低头呢？但是主动低头还是被动低头，意义是截然不同的，而且每个人在低头之后，采取怎样的态度继续面对人生，也决定了他们的人生将会有怎样的收获和结果。三国时期，刘备之所以能够与曹操和孙权形成三分天下的局势，不是因为刘备本身多么有才华，而是因为刘备很善于用人。说起刘备，就不得不想到诸葛亮。当初，刘备听说卧龙岗有个诸葛亮，当即三顾茅庐请诸葛亮出山，为此才能得到诸葛亮的大力辅佐，从而为自己争得天下赢得了更多的胜算。楚汉时期，在刘邦身边，韩信是不可缺少的一员大将。其实韩信在追随刘邦成就大业之前，在年少的时候只是个小混混，整天腰间挂着剑，在集市上走来走去，不务正业，甚至要接受一个老婆婆的接济才能勉强度日。后来有一天，韩信被卖肉的屠夫欺负，被要求从屠夫的胯下钻过去，否则就要决一死战。韩信忍受了这个屈辱，从屠夫的胯下钻了过去，这才得以生存下来，也正是这件事情让他立下大志，再也不能继续当任人欺负的小混混。

人生不如意常有，有的时候，不如意是命运导致的，有的时候，不如意是外部的人导致的。不管因何而起，我们都必须面对不如意，也必须在不得不低头的时候学会低头。常言道：“世事洞明皆学问。”一个人并非在降临人世的时候就能洞察人生中的很多真相，必须在经历很多事情之后，才会有所领悟，有所领会。不管遭遇人生怎样的困境，或者是不如意，我们都要时刻保持清醒的头脑，而不要因为一时的冲动就做出让自己后悔和懊丧的举动。这个世界上卖什么的都有，就是没有卖后悔药的，为此唯有学会低头，保存实力，我们才能在未来的日子里得到更多的机会，也才能让自己变得更加强大和不可战胜。

第 12 章

发现幸福——寻找正念驱动下的幸福

正念可以提升幸福感，在正念的驱动下，我们会有一颗敏感柔软的心，对这个世界充满感恩，也对人生有更加细腻的感受，从而找到通往幸福的道路，也可以看到幸福在正念的驱使下变得越来越浓烈和洋溢。这样幸福的感觉，会帮助我们渐渐地远离消极沮丧的情绪，也帮助我们不再受到绝望的侵扰。对于幸福的人生而言，正念是绝不可缺少的存在，我们必须坚持正念，才能在生命的历程中无所畏惧地前行，并幸福满满，享受美好的人生。

掌握方法，才能找寻到幸福

现实生活中，有很多人都抱怨自己不幸福，他们或者觉得自己被命运捉弄，或者觉得自己没有好运气，或者觉得自己总是很倒霉，也有可能认为自己付出的太多，而得到的太少。然而，事实上，在他们怨天尤人、牢骚满腹的情况下，幸福是不会来敲门的。

很多人误以为幸福取决于人生中拥有多少东西，诸如金钱、物质、名利、权势等。其实，幸福从来不取决于拥有多少身外之物，而是取决于我们能否找到感受和拥有幸福的方法。一个人如果不能掌握寻找幸福的方法，哪怕拥有再多的东西也是不幸福的。而只有内心能够感受到幸福的人，才能在日常琐碎的生活中更多地感受到幸福，才能在人生成长的道路上不断地把握幸福，获得幸福。要想获得真正的、长久的幸福，我们还要端正各种观念，摆正自己的人生态度，这样才能在不断成长的过程中拥有更多的幸福与快乐，获得更多的成长与收获。曾经有智者提出，人生的目的就是寻找幸福。但是，固然得到幸福是人生的终极目的，我们却要意识到，有的时候，有心栽花花不开，无心插柳柳成荫。若我们一心一意寻找幸福，不管什么时候都把获得幸福放在首位，那么日久天长，幸福就会变成我们人生中的一个魔咒，我们也会在做任何事情的时候都情不自禁地首先考虑自己是否获得了幸福，长此以往只会导致自己陷入追求幸福的误区中无法自拔，也会因为总是把幸福放在首位，我们的人生反而距离幸福渐行渐远。

发现幸福首先需要感知幸福，一定要有一颗敏感的心。寻找幸福也要讲究方式方法，这样才能找到与幸福相伴的有效途径，不至于为了寻找幸福而迷失了本心。有人觉得拥有金钱是幸福，他们就会努力赚钱；有人觉得有情饮水饱，只要彼此之间有爱情作为滋润，哪怕生活艰苦也可以获得幸福；也有人认为朋友是人生之中最重要的陪伴，是获得幸福必不可缺的至关重要的因素，那么幸福就是结交更多的朋友；还有人认为真正的幸福是有健康的身体、乐观的心灵和美好的人生境遇……在人生的道路上，要想获得幸福，归根结底要有一颗笃定的心，要知道自己想做什么，想要怎样的人生，想到达怎样的境遇。唯有如此，我们在面对纷繁复杂的世界时才会觉得内心安然，在面对人生中很多艰难坎坷的境遇时才能始终无所畏惧地勇往直前，绝不退缩。这就是幸福的真谛。

遗憾的是，在现实生活中，很多人都会犯人云亦云的错误，他们总是盲目追随他人，因为受到身边各种人和事情的影响，而迷失了自我，不能笃定面对人生。在这样的情况下，他们当然会越来越被动和无奈，也会在不停的改变中距离幸福越来越远。也有的人对于生命有太多的欲望和苛求，常常抱怨自己付出的太多，而得到的太少。殊不知，命运对于每个人都是公平的，不要轻易抱怨，更不要因为抱怨而使得自己陷入沮丧和绝望的深渊。对我们而言，更重要的是珍惜自己拥有的一切，努力地去创造属于自己的美好生活。

还有很多人会把快乐与幸福的意义弄混，也就是把幸福狭隘理解，觉得快乐就是幸福。而心理学家经过研究证实，幸福是心灵长久的满足，而快乐却有可能是一闪即过的愉悦感觉。为此，幸福的人会很快乐，但是快乐的人未必能够达到幸福的高度。我们只有对于幸福有正确的定义和清醒的认知，才能在面对人生的时候拥有更多的充实感、满足感，才能够距离幸福越来越近。记住，真正的幸福与金钱、权势、名利等身外之物都没有关系，我们只有笃定自己的内心，坚持对人生的适度欲望与要求，才能在满足自己的过程中获得幸福，才能在不断追寻幸福的过程中获得圆满的人生。

把握三种方式，顺利收获幸福

要想通过正念的方式让自己获得幸福，距离幸福越来越近，就应该做到以下几点：首先，坚持每天都进行正念冥想训练，这可以帮助我们把所有的精神和注意力都集中于当下，专注于我们正在做且正在感受的事情；其次，我们要怀着感恩之心，常常在心中感激自己所拥有的一切，不管是看到鸟语花香还是看到狂风大作，都始终心怀感激；再次，要学会放下，因为人生不如意十之八九，人生的常态就是需要面对各种不如意，既然如此，与其怨天尤人、愁眉苦脸，不如提升自己对于人生的满足感和幸福度，这样才能放下那些执念，从而获得随遇而安的幸福；最后，要保持轻松愉悦的心情，以积极向上的态度面对人生，尤其是在遇到无法解决的难题时，换一个角度进行思考，也许就会有豁然开朗的感觉。总而言之，人生从来不会一帆风顺，更不会顺心如意，我们一定要有正确的方法，才能让自己距离幸福越来越近。

具体而言，在现实生活中，我们要始终怀着积极的心态，这样才能做到面对人生的难题兵来将挡，水来土掩，才能做到在追求幸福的道路上事半功倍。在积极心理学中，我们可以学习到三种不同的方式追求幸福，这三种方式只是大概的方式，具体实施的过程中，每个人还要根据自身的情况以及自己正在经历的事情，做到有的放矢地灵活运用。

第一种方法，要专注于当下。其实，这也是正念的核心要点。此时此刻，不管你在做什么事情，也不管你感受到了什么，不要抱怨，也不要逃避，而要坦然面对和接受自己正在做、正在感知的一切，这样才能做到全神贯注、全身心地投入当下。看起来这似乎很容易，实际上要想真正做到是很难的，尤其是对于没有经过相关训练的人而言，专注绝非一件手到擒来的事情。很多时候，越是难度大的事情，越是容易帮助我们集中心力，而对于难度小的事情，我们往往很难全身心投入。在这种情况下，我们就要坚持对自己进行意志力的锻炼，从而形成专注力，以后在做很多事情的时候都能积极地投入。此外还需要注意的是，在保持专注的时候，不要总是精神紧张，而要保持放松的状态，这样才能把注意力百分之百投入当下。

第二种方法，要学会寻找快乐。前文说过，快乐的时间也许短暂，而幸福则是长久的满足感。为此，如果我们把快乐变大，并始终维持快乐的心绪，渐渐地，我们就能找到幸福的感觉。在日常生活中，快乐还是很容易得到的，如对于爱读书的人而言得到一本好书是快乐，对于喜欢旅游的人而言进行一场旅行是快乐，对于喜欢美食的人而言品尝到美味的食物是快乐。然而，快乐是会使人感到乏味的，需要不断地受到新鲜的刺激，才能保持下去。相比起幸福的平静与满足，快乐更倾向于各种短暂强烈的刺激，带有激情的性质。例如，一个人即使爱看书，也不可能一天12小时埋头于书本，一个人即使很爱看电影，也不可能在一天十几个小时里接连看好几场电影，否则一定会觉得头疼欲裂，不但失去快乐的感觉，反而会觉得非常痛苦。所以寻找快乐，给自己刺激以获得快乐的感觉，要讲究合适的限度，否则就会过度犹不及。

第三种方式，要通过实践的方式获得有意义的人生。人们在这个社会上努力地工作，做自己喜欢做也愿意做的事情，除了要赚钱养活自己之外，更重要的目的是证明自己的价值，实现自己的人生目标，也验证自己到底拥有多么强大的力量。为此，大多数人都追求事业有成，功成名就，想要拥有更多的金钱权力，以此作为成功的标志；而那些已经事业有成的人则开始致力于慈善事业，因为金钱对于他们而言只是一个符号，所以他们要通过帮助他人的方式来回报社会，证明自己的能力和价值。当然，对于每个人而言，就算没有那么大的能量去帮助别人，也可以赠人玫瑰，手有余香，以自己的微薄之力为这个社会带来光和温暖，这也是人生价值的体现。

总而言之，每个人要想获得幸福，就要努力去发现和感受幸福，也要全身心投入去追求幸福。如果根本不知道幸福为何物，也不知道自己如何做才能更加接近和创造幸福，则一定会在生活之中迷失。此外，幸福并没有所谓的标准定义，每个人的人生观、价值观和世界观不同，成长的背景和生活的阅历也不同，所以每个人对于幸福的定义也是截然不同的。除了要做到以上几点之外，我们还要根据自身的实际情况，有的放矢地寻找个性化的能够接近和获得幸福的方式。

正念是一种伟大的能量

正念，是一种非常神奇的力量，很多人都想通过正念的方式获得幸福的人生，而实际上，坚持正念并不是一件容易的事情。当我们习惯于正念，也能够把自己的正念能量运用得恰到好处时，我们就会从生活中获得幸福感，也从工作中收获更大的成就感。当然，要想实现这个目的，前提是我们必须能够发挥正念的力量来对待人生，也能够在坚持正念的过程中让自己获得更积极的人生因素。

具体而言，正念的力量涵盖人生中很多的积极力量，如创造力、判断力、行动力、坚定不移、顽强不懈、勇敢无畏、仁慈博爱、谦虚谨慎、幽默乐观等，这些都是正念在人生中具体的表现。当我们可以坚持正念，也能够发挥正念的力量时，我们就会发现自己渐渐具备了这些优秀的品质，且变得更加强大，更加富有创新性。当然，要想达到这样的程度并不容易，我们要坚持正念训练，这样对于正念力量的运用才能越来越娴熟，才能真正把正念的力量灵活地运用于人生之中。

我们常常会觉得生活无趣，甚至觉得很乏味。那么，为何和我们的愁眉苦脸相比，有些人总是乐观地面对生活，常常在生活中绽放笑颜呢？因为他们能够以幽默的态度面对人生，也总是发现生活中积极有趣的一面。由此可见，不是命运对于每个人有所不同，而是每个人面对人生的心态和态度不同。

为了使自己对人生变得更加敏感且积极向上，我们还可以通过撰写感恩日记的方式来培养内心的敏感。现代社会，每个人都生活在忙忙碌碌的状态之中，尤其是在大城市里生活的很多人，更是像一个高速旋转的陀螺一样转个不停，为此根本没有时间停下来询问自己对于人生的渴望，也渐渐地迷失了对于生活的本心。撰写感恩日记，可以让我们已经习惯了麻木和冷漠的心灵恢复敏感细腻，也可以让我们对人生有更加丰富的感受。这样一来，我们就可以加深对于幸福的感知程度，也可以在坚持写日记的过程中记录下人生历程中值得牢记和感知的一切。

具体而言，在你决定写感恩日记的时候，就要为自己准备一个精美的日记本。这样的日记本可以增添仪式感，让你发自内心地更加重视写感恩日记这件事情。其次，万事开头难，准备日记本也许是很容易的，但是真正开始写日记后，未必能够坚持下去。当然，你一定要坚持，因为写感恩日记必须长期坚持才会有效果，如果你总是三天打鱼两天晒网，那么就注定了你什么事情也做不成。注意，写感恩日记未必需要长篇大论，你可以每天都抽出10分钟的时间写下寥寥数语，最重要的是对你所经历的、值得感恩的事情做一个记录，而不必写成纪实文学的样子，否则会有太大的工作量和太大的难度，让你更难坚持下去。也许有些朋友会说，并不是每天都有值得感恩的事情。其实不然。只要你足够认真、细心、敏锐地感知生活，你就会发现每天都有值得感恩的事情，如同事送给你一块巧克力，领导与你进行了一番交谈且鼓励了你，丈夫送给你一朵鲜花，孩子在作文里写了“我最爱的妈妈”，父母打电话对你嘘寒问暖，等等，这些事情都是值得感恩的。抑或是在上班的路上看到一片朝霞，在下班的路上看到一朵小花，遇到路人的微笑，这些事情只有在敏感细腻的心灵的投射下，才能绽放出人性的美好与光辉。在写感恩日记的时候，这些小确幸都可以写进去，渐渐地我们的心就会越来越敏感，我们对于人生也会始终怀着感恩的态度。

正念是人生中伟大而又神奇的人生能量，当我们可以坚持正念，并获得正念的力量时，我们对人生的态度，坚持在人生中努力向前的意志力，都会得到长足的进步和发展，为此我们对人生也会变得更加积极。长此以往，我们就会获得幸福的感受，也会在面对人生的时候更加坚定平和，充满感恩。这样的幸福感与满足感，和转瞬即逝的快乐是截然不同的。唯有更加坚持正念，我们才能在人生的道路上走得更加坚定，更加无所畏惧，更加满心欢喜。

专注于当下

看到这个题目，一定有很多朋友都觉得不以为然，甚至对此嗤之以鼻：我此时此刻正在受苦，有什么好专注的；专注于当下很容易，难的是我如何能从此刻的专注中获得幸福；专注没什么了不起的，不要故弄玄虚……你所说的理由多种多样，总而言之，你就是不愿意马上就真正专注于当下，否则你一定会发现专注于当下只是看起来容易而已，要想真正做到却很难。

单纯地专注是很难做到的。当你真正想要专注的时候，你会发现你的所有精神和注意力都像是不听话的羔羊一样跑来跑去，你根本无法把它们集中起来赶到羊圈里。甚至你越是想要集中注意力，它就越是分散，似乎是在发挥顽皮捣蛋的本能，故意与你作对。为此，你必须更加全心全意，也必须开始锻炼自己的专注能力。

当然，专注只是专注于当下的第一步，接下来，你要做的是平静坦然地接受当下，不管你所面对的是喜悦还是痛苦，也不管你所遭遇的是忧伤还是磨难，你都要接受，平静地接受，没有任何负面的情绪产生。当你的当下是喜悦和快乐时，把这一刻与人分享，接下来你就会得到双倍的快乐。当你处于不快时，改变那些可以改变的，接受那些不能改变的，这正是我们每个人面对人生时应有的态度。随之而来的，是我们必须要有的放矢地面对人生中一切的不愉快，这样我们的人生才会有更好的状态呈现，我们的未来才会更加值得期待。

最近，艾米正处于失业的状态中，想找一份熟悉的工作，却不太顺利，为此，她感到很郁闷，每天都躲在家里，不愿意出门。有一天，艾米突发奇想，要为家里修剪草坪，这样一则可以给自己找点儿事情做，二则可以节省下一笔雇人修剪草坪的费用。在真正开始做之前，艾米还有些迟疑，这是她第一次修剪草坪，她担心自己做不好。但是思来想去，她觉得这没有什么难的，为此她当即行动起来。

修剪草坪的过程中，艾米想到老师说的正念，因而督促自己把所有的精神和注意力都集中于当下。她推着修剪草坪的机器一步一步缓慢地向前走着。每当走过一趟，看着身后的草坪变得越来越平整，艾米觉得心情也变得好起来。把整个院子里的草坪都修剪完之后，艾米还拿着专用的大剪刀，对着刚才机器没有修剪好的边边角角继续修剪。她每一次在下剪刀之前都会认真思考，慎重下刀。整整一个下午，艾米没有感到特别疲惫，而是因此感到很有成就感。她由此找回了自信，想道：我可以做到很多事情，为何不去更多地尝试呢？我没有必要坚持找做过的工作，即使对于那些没做过的工作，我也是可以学会的。就这样，艾米次日就继续出门找工作，因为扩大了找工作的范围，她很快就找到了一份不错的工作。因为在工作中需要学习的东西很多，艾米还通过不断学习提升自己，对于工作越来越有信心呢！

一次修剪草坪的经历，被艾米当成一次正念训练。她是第一次修剪草坪，为此要想做好还是有一定难度的，但是她没有退缩和气馁，而是把一切的注意力都集中于当下，而且全力以赴做到最好。在此过程中，她不但找到了自信，而且还受到启迪，决定去尝试寻找从未做过但是可以学会的工作。正是在这样的过程中，她变得更加积极乐观，在职业发展方面的困境也得以解决。

在日常生活和工作中，只要我们有意识地进行正念冥想，积极地开展正念训练，就可以有的放矢地把所有的精神和注意力集中于当下，从而专注地享受人生中此时此刻的美好时光。需要注意的是，不要对当下充满抱怨、排斥和逃避等负面情绪，唯有更加专注，更加全神贯注，且能够做到心平气和地接纳，我们才能在正念之中获得更加伟大的生命能量和人生力量。

正念，不但会对我们自己产生积极有效的作用力，而且当我们对于正念的力量运用得更加熟练时，还可以通过正念来帮助他人，从而福泽他人。在如今的职场上，谁也无法依靠单打独斗的个人英雄主义获得成功，每个人都要融入团队之中，和团队里的所有人精诚团结与协作，才能获得集体的胜利。如果我们在团队协助之中能够发挥积极的正念力量，为自己的人生铺垫基础，为自己的行动力获得更多的助力，我们就可以影响身边的人，从而让他们也可以专注于当下，这样所有团队成员才能齐心协力地把所有工作做到最好。

拥有正念，福泽他人

作为一名教师，最大的幸福是什么？是看到自己教授的学生都学业有成，都通过学习改变了命运，成功地获得了充实精彩的人生。作为一名厨师，最大的幸福是什么？是看到自己辛辛苦苦做出来的美味菜肴广受食客们的好评，被食客们大快朵颐吃干净。作为一名家庭主妇，最大的幸福是什么？是看到家人们在自己的照顾下生活得很幸福，是看到孩子们在自己的照顾下健康茁壮地成长……在这样的奉献过程中，每一个当事人都证明了自身的能力和价值，也都通过为他人做出贡献而福泽他人。

这就是正念的力量。正念在人生中的表现之一，就是有奉献的精神，乐于助人。

马斯洛的需求层次理论告诉我们，人在满足自身的基本需求之后，就会产生更高层次的需求，那就是被尊重，被他人需要，从而得到更大的满足感。为了得到这样的满足感，人就要实现自身的价值，也要通过实践行动证明自身的价值，证明自己是不可或缺的，这是最行之有效的证明自身价值和力量的方式。为此在现实生活中，很多平凡的人都在为了证明自己的能力和提升生活的品质而不断地努力，而那些已经事业有成的人，则更多地专注于帮助他人，改变世界。普通人和成功人士，对于生命的追求目标都是实现自身价值。

从心理学的角度而言，人要想获得莫大的成就感、满足感和幸福感，只为了满足自身的需求而去做很多事情，是远远不够的。例如，在一个家庭里，如果每个人都没有人人为我、我为人人的精神，而是都各顾各的，则这个家庭的整体氛围就会很差，家庭成员也会变得很冷漠，从来不会为其他人着想。长此以往，家庭的感觉就会被冲淡，每个家庭成员不但无法感受到家庭的温暖，其家庭观念也会十分淡薄，并因此而缺乏亲情的人生滋养。相反，在一个大家庭里，如果每个家庭成员都能够彼此照顾，相互关照，甚至在必要的情况下牺牲自己的利益而成全其他人，则这个家庭的亲情会变得越来越浓郁，家庭的氛围也会变得更加和谐融洽。众人拾柴火焰高，在一个和谐友爱的家庭里，每个家庭成员都会得到更多的照顾与关爱，整个家庭的力量也会远远大于每一个家庭成员的力量相加。当然，人都有趋利避害的本能，人也都是自私的，为此在家庭生活中，一定会有人更加慷慨大方，有人更加自私自利，在这种情况下，拥有正念的人就会表现出慷慨的一面，从而更加主动地对他人付出，也会非常乐意分享。渐渐地，他们的正念不但惠及他人，而且还会感染他人，让他人也和他们一样，渐渐地开始接受正念，也习惯于以正念的方式思考和处理问题，与家人相处。可想而知，整个家庭的相处模式会进入正念的积极循环状态，一切也都会进展良好。

正如人们常说的，把一份快乐与他人分享，就会变成两份快乐。把一份痛苦与他人分担，就会变成半份痛苦。在人生的历程中，每个人都是社会的一员，都要在群体中生活，为此一定要端正心态，学会积极地分享，以正念惠及他人，也以正念的力量影响他人。

参考文献

［1］莱恩.自愈系心理学：正向思考的魔力[M].北京：电子工业出版社，2013 .

［2］阿里迪纳S.正念冥想：遇见更好的自己（第2版）[M].赵经纬，译.北京：人民邮电出版社，2019.

［3］吴盈.正向思考：预约你的幸福人生[M].北京：北京航空航天大学出版社，2010.